彩图 4 豫石榴 2 号

彩图 5 石榴 3 号

彩图 6 泰山红

1

彩图 7 玛瑙籽

彩图 8 青皮软籽

彩图 9 火 炮

2

彩图 10 汤 碗

彩图 11 净皮软籽甜

彩图 12 江石榴

3

彩图 13 桃蛀螟

彩图 14 石榴巾夜蛾

彩图 15 黄刺蛾

4

彩图 16 茶蓑蛾

彩图 17 樗蚕蛾

彩图 18 金毛虫

5

彩图 19 绿尾大蚕蛾

彩图 20 石榴茎窗蛾

彩图 21 豹纹木蠹蛾

6

彩图 22 石榴干腐病

彩图 23 石榴果腐病

彩图 24 石榴褐斑病

彩图 25 石榴蒂腐病

彩图 26 石榴焦腐病

彩图 27 石榴疮痂病

8

果蔬商品生产新技术丛书

提高石榴商品性栽培技术问答

主　编

冯玉增　夏孔建

副主编

姚清志　晏建国　王立新

朱璆玲　李广宇

编著者

冯玉增　夏孔建　姚清志

晏建国　王立新　朱璆玲

李广宇　周韶华　韩　银

金盾出版社

内 容 提 要

本书是"果蔬商品生产新技术丛书"的一个分册。内容包括:石榴商品性生产概述,石榴树的生长结果特性与石榴商品生产的关系,无公害石榴商品性生产的环境条件要求,提高石榴商品性生产水平的优良品种、建园技术、整形修剪技术、土壤管理技术、施肥及灌水技术、保花保果技术、病虫害综合防治技术、主要害虫防治技术、主要病害防治技术,影响石榴商品性生产水平的树体保护技术,提高石榴商品性生产的采收、贮藏、加工和运输技术以及周年综合管理历。本书内容新颖,技术先进,图文并茂,科学实用。适合从事无公害商品性石榴生产、加工的科技人员和广大果农及果树爱好者阅读参考。

图书在版编目(CIP)数据

提高石榴商品性栽培技术问答/冯玉增,夏孔建主编.—北京:金盾出版社,2009.8

(果蔬商品生产新技术丛书)

ISBN 978-7-5082-5851-5

Ⅰ.提… Ⅱ.①冯…②夏… Ⅲ.石榴—果树园艺—问答
Ⅳ.S665.4-44

中国版本图书馆 CIP 数据核字(2009)第 110933 号

金盾出版社出版、总发行

北京太平路 5 号(地铁万寿路站往南)

邮政编码:100036　电话:68214039　83219215

传真:68276683　网址:www.jdcbs.cn

北京金盾印刷厂印刷

永胜装订厂装订

各地新华书店经销

开本:850×1168 1/32　印张:7.125　彩页:8　字数:171 千字

2009 年 8 月第 1 版第 1 次印刷

印数:1～8 000 册　定价:13.00 元

目　录

一、石榴商品性生产概述

1. 石榴商品性的含意是什么?

石榴果实的商品性应体现在 3 个方面。

(1)果品的外观

①大小(重量)、形状 一般要求平均果重在 250 克以上,果个大小均匀,果形端正。

②色泽 包括果皮色泽和籽粒色泽两方面。果皮为红色、粉红色、浓红色、黄白色、白色、青色等;果面光滑洁亮,果锈少或无;籽粒红色或白色。

③新鲜度 果实新鲜,果皮没有失水。

④有好的商品外观 没有病虫危害症状以及机械损伤,萼片完整。

(2)果品的内在品质

①百粒重和出汁率 要求百粒重 40 克以上,出汁率 85% 以上。

②含糖量 较高,一般在 10% 以上。

③含酸量 鲜食品种含酸量要低,一般不超过 0.3%。糖酸比 30∶1 以上。风味酸甜或甜,口感好。

④营养物质含量较高 可溶性固形物含量 15% 以上。

⑤籽核硬度 软籽类品种籽核软、咀嚼可食。

⑥农药与重金属 含量符合国家或行业无公害食品标准,不超标。

(3)果品的包装 是果品商品性体现的一个重要方面。包括清洗、打蜡、分级包装、内外包装物、包装标准与规格等,并包括商标、标志等。

明白了果品商品性的内涵,生产上要有针对性地采取科学、合理并力所能及的措施和办法,抓好产前、产中和产后全程技术工作,力争做到全程无公害、标准化生产,切实提高果品的商品性。

2. 石榴商品性生产的现状是什么?

石榴原产伊朗、阿富汗等中亚地区。于西汉时期沿丝绸之路传入我国。石榴引入后先在皇家园林作为观赏树种栽培,后逐渐利用于果树生产。自 20 世纪 70 年代以来石榴生产越来越受重视,已成为我国果树生产的重要组成部分,对调整农业种植结构、增加农业产值、为农业发展积累资金、改善果品消费结构、丰富人民生活、繁荣市场均起着愈来愈重要的作用。近年来,我国石榴生产表现出如下特点。

(1)面积、产量迅速增长 在 20 世纪 70 年代以前我国各地石榴生产基本呈零星分布,主要栽植在庭院,规模种植较少。直至 20 世纪 80 年代中期,全国石榴栽培总面积约 5 000 公顷,总产量约 600 万千克,基本不构成商品产量。而到 2004 年,全国石榴栽培总面积约 10 万公顷,年产量约 3.8 亿千克。石榴生产已从"四旁"、庭院走向田间,走向规模化、集约化栽培。石榴生产虽然发展很快,但仍较其他果树发展慢。目前全国石榴总产量不足水果总产量的 0.1%,市场供应量极其有限。

(2)花色品种增多 近年来各地在利用优良种质资源的同时,新培育出一批优良品种,推广应用于生产。如河南省开封市农林科学研究院选育出的豫石榴 1 号、豫石榴 2 号、豫石榴 3 号、豫石榴 4 号、豫石榴 5 号等,山东选育的 87-青 7 等,安徽选育的皖榴 1 号、皖榴 2 号等,陕西选育的临选 2 号、临选 4 号等,品种利用日趋多样化。就目前生产目的区分,有以下几种。

①鲜食类 鲜食石榴占主导地位,可占石榴总面积的 80%以

上。各地都有自己的主栽品种,这些品种的特点是果实大、果色艳、风味甜或酸甜、产量高、经济价值高。软籽类品种栽植量较少,其商品价值尚未充分展现。

②赏、食兼用类 该类品种占15%以上,主要在城市郊区作为生态观光园及工厂、矿区、街道绿化。此类品种多为重瓣花,既可观花、观果,果实也可鲜食,但此类品种坐果率相对较低,果实较小。普通优良鲜食品种集观赏、鲜食于一体。在观光果园,以赏、食兼用为目的发展中更受青睐。

③加工类(酸石榴类) 该类品种有少量规模种植。由于其风味酸或涩酸不能鲜食,多作为加工品种发展。主要为石榴加工企业的原料基地,面积很小。

④观赏类 此类品种株型小,花期长。有些花、果同树,有些有花无果,纯以观赏为目的,适于盆景栽培。

(3)栽培方式向集约化方向发展 已由原来的"四旁"、山区丘陵、沙荒地栽植,向肥沃农田集约化栽植、城郊观光农业发展。

(4)无公害栽培正在兴起 传统的种植方式正在改变,面向人民生活健康的无公害果品栽培发展迅速。

3. 发展石榴商品性生产有何经济和生态意义?

(1)石榴的经济价值较高,种植效益好

①石榴是吉祥果品 石榴是我国人民十分喜爱的果树之一。果实成熟于中秋、国庆两大节日期间,历来被我国人民视为馈赠亲友的喜庆、吉祥果品,象征繁荣昌盛、和睦团结,寓意子孙满堂、后继有人。

②石榴果实营养丰富 石榴果实中含有丰富的糖类、有机酸、矿物质和多种维生素。石榴籽粒出汁率一般为87%~91%。果汁中可溶性固形物含量15%~19%,含糖量10.11%~12.49%,含酸量一般品种为0.16%~0.4%(而酸石榴品种为2.14%~

5.3%)。每 100 克鲜汁含维生素 C 11 毫克以上、蛋白质 1.5 毫克、磷 105 毫克、钙 11～13 毫克、铁 0.4～1.6 毫克、粗纤维 2.5%,还含有人体所必需的天门冬氨酸等 17 种氨基酸。石榴果皮、隔膜及根皮、树皮中含鞣质 22% 以上。鲜食石榴风味甜酸爽口。

③石榴树全身是宝,具有很高的药用和工业价值 石榴种类多、用途广,果、叶、花、根皮、树皮都可入药。其果实性味甘酸、涩温无毒,具有杀虫收敛、涩肠止痢等功效,可治疗久泻、便血、脱肛、带下、虫积腹痛等症;果皮也为强力治痢良药;根皮中含有石榴皮碱,具有驱蛔作用;石榴的果皮、根皮等对痢疾杆菌、绿脓杆菌和伤寒杆菌等均有一定抑制作用。石榴汁和石榴种子油中含有丰富的维生素 B_1、维生素 B_2 和维生素 C,以及烟酸、植物雌激素与抗氧化物质鞣化酸等,对防治癌症和心脑血管疾病、防衰老和更年期综合征等有多种医疗作用。三白石榴根浸泡饮用,可治疗高血压病。用叶片浸水洗眼,还可明目、消除眼疾。石榴根皮、果皮及隔膜富含鞣质,可提取栲胶,是印染、制革工业的重要原料。

④石榴适应性强,易管理,收益高 石榴树具有早结果、早丰产,早收益、收益率高,结果年限长达 50～60 年等优点;且具有耐干旱、耐瘠薄、耐盐碱,对环境条件适应性强等特点。容易管理,易获高产。石榴树对土壤及不同立地条件的适应性较广,无论山地、丘陵、平原都可种植,在我国 20 多个省、自治区、直辖市有栽培。北至河北省的迁安、顺平、元氏,山西的临汾、临猗;西至甘肃临洮;东全台湾;南至海南省均有栽培。而以河南、山东、陕西、安徽、四川、云南、江苏、新疆等省、自治区栽培较多。其中河南开封、荥阳,山东枣庄,安徽怀远,四川会理,陕西临潼,云南蒙自,山西临猗,新疆叶城等都是石榴的著名产地。

石榴花量大,易坐果,产量稳定。石榴树的各种类型枝(包括徒长性枝)均可形成花芽,其花量大、花期长,坐果期抵御自然灾害能力强,不易形成大小年。

石榴树管理技术简单,结果早,产量高,见效快。石榴树一般树高3～5米,如进行密植栽培,可控制在3米之内。石榴树的病虫害较其他许多果树都少,生产上病虫害防治用药少,容易进行无公害生产。优良品种1年生苗定植当年见花,2年见果,3年单株产量可达5千克以上,5年进入丰产期。单株产量超过25千克。每667平方米密度一般栽80～110株,产量达2 000～2 800千克。在很多产区"一亩园十亩田,二亩石榴收万元",依靠石榴收入年超过万元、脱贫致富的农户并不鲜见。

近年来,在一些地区石榴生产已成为区域经济的主导产业。如河南开封、封丘,陕西临潼区,山东枣庄峄城区,四川攀西地区,云南巧家、蒙自等地,均已建成数千公顷集中连片的石榴商品基地。石榴的发展还渗透到农业综合开发项目中。如河南省巩义市的"沿黄农业综合开发",焦作市"太行山旱地农业开发",平顶山市"山地水土保持流域治理"等;在山东省枣庄市峄城区开辟了万亩石榴旅游区,在薛城区营建石榴大面积丰产示范园;在陕西省临潼市,融发展石榴与旅游名胜为一体,利用肥水条件好的农田建立了石榴早期丰产园;云南省拨出专款在蒙自、建水等市(县)建立石榴商品基地,会泽县在盐水河源头(金沙江支流)建立了万亩石榴园并逐步在金沙江干旱阳坡用石榴更替柑橘树种;四川省财政厅拨专款在攀枝花市、会理县建成数千公顷高产石榴园等。

⑤石榴果实易贮藏、好运输,供应期长,效益比较高 南方的云南、四川等地7月份即可上市;北方黄河流域早熟品种8月上旬上市,晚熟品种9～10月份上市。由于其耐贮藏,供应期可延至翌年5月份,延长了果实货架期,在水果周年供应上占有重要地位。果实好运输,便于远距离运销。

国内许多石榴主产区,立足资源优势,大力发展以石榴为主的经济林,着力变资源优势为经济优势,取得了显著成效。河南巩义市、山东枣庄市峄城区、陕西临潼区、四川会理、云南蒙自县等产地，通过举办"石榴节"招商引资。一些主产区还注册了自己的商标，发挥品牌效应，扩大影响。有些产区搞石榴综合开发，成立石榴生产合作社，研究开发了石榴饮料、榴叶茶等，基本形成了生产、销售、贮藏、加工一体化和林、工、商协调发展的格局，大大提高了石榴的经济效益。

⑥石榴花期长，花果双姝，是很好的观赏植物　石榴开花始于5月份，盛花6月份，谢花7月份。边开花、边结果，花果同树。其干形扭曲，自然成景。幼树生机盎然，成龄树雍容典雅，老树苍劲古朴。花多色艳，叶片翠绿，果形美观，是典型的果树和环境绿化植物。古今中外，装饰园林庭院几乎都离不开石榴树。石榴最初引入我国，就是在皇家园林作为观赏植物栽培的。世界上已有西班牙、利比亚两国将石榴作为国花，在西班牙国土上到处都有石榴种植。我国河南省新乡市、驻马店市，山东省枣庄市，陕西省西安市，湖北省黄石市、十堰市、荆门市，江苏省连云港市，安徽省合肥市，浙江省嘉兴市，广东省南澳县等11个市(县)把石榴定为"市花(树)"，作为市区重要绿化观赏树种予以发展。

⑦石榴适宜加工，附加值高　石榴籽粒可以加工成石榴汁、石榴酒、石榴醋、石榴露等，是一种高级清凉保健饮品。叶片经炮制，是上等茶叶，长期饮用具有降压、降血脂功效。因石榴果品及饮品市场供应稀少，其价格是橘子、香蕉、苹果的几倍，畅销国内外市场，深加工经济附加值很高。

⑧石榴汁具有很高的保健、美容价值　据最新医学研究证明，常饮用石榴汁对治疗心脑血管疾病、预防动脉粥样硬化和心脏病及延缓癌症的发生具有很好的疗效。添加有石榴汁的美容护肤品，美容效果非常好，为时尚护肤佳品。

(2)石榴的生态价值　石榴树耐干旱、耐盐碱、根系发达、枝繁叶茂，是山区丘陵水土保持、平原沙区防风固沙、盐碱滩涂地区发展果树的优选树种。石榴叶片对二氧化硫及汞蒸气的吸附能力较强，因而可以净化空气，是工厂矿区、城市道路、城市居民生活区的良好绿化树种。因此，石榴又是很好的生态树种。发展无公害商品性石榴生产，既具有较高的经济价值，又具有较高的生态意义。

4. 无公害生产对提高石榴商品性的意义是什么？

(1) 生产无公害优质果品是提高人们生活质量和保证人民健康的需要　随着人们生活水平的改善，消费者越来越注重食品的质量和安全性。然而，我国现代工业的飞速发展，虽为社会创造了巨大的财富，但又带来了环境污染。随着环境污染的加剧，食品遭受污染的程度也日趋严重。例如，工业"三废"污染农田、水源和大气，导致有害物质在农产品中积累；化肥、化学农药使用量增加，一些有害化学物质在产品中残留等，无疑对人体健康构成了极大威胁。

石榴作为食用水果，在生产过程中同样遭受到环境污染，尤其是长期以来大量施用化肥，频繁喷施剧毒、高残留化学农药，导致果实中农药残留量过高。我国人民正在实现小康生活水平，而小康主要是指提高生活质量，提高消费档次。生活质量中最主要的是食品质量，因此开发绿色食品，生产无公害果品，就成为提高人们生活质量和保证人类健康的迫切需求。

(2) 生产无公害优质果品是提高整体社会效益、生产者经济效益的重要措施　生产无公害果品，不仅社会效益好，而且经济效益也高。德国农业经济专家哈曼博士对生态食品(即绿色食品)消费的研究结果表明，生态食品价格比一般食品高 59%～200%。习惯于购买生态食品的家庭，消费支出并不比一般家庭多。这一研究为各国政府提供了发展生态食品的可行依据。即发展生态食品，对于政府来讲，可以增加财政收入，改善生态环境；对于生产者来说，可以增加收入，减少产品积压；对于消费者来说，并不会过多地增加支出。近年来,我国一些产区已致力于无公害石榴的生产,效益明显优于普通果品。

(3)生产无公害石榴是增强我国石榴出口竞争能力的需要 提高果品的出口数量,扩大消费市场,是缓解我国果品生产压力的重要措施。我国加入世界贸易组织(WTO)后,我们的石榴产品也可以面对比较公平、公开、公正的国际市场。只有提高石榴的质量、生产大量的优质无公害产品,才能增强在国际市场上的竞争能力。

5. 石榴商品性生产存在的问题有哪些?

(1)良种普及率低,管理粗放 据统计,2004 年河南全省保存石榴树近 1 000 万株,而 65%以上未结果,平均株产不到 5 千克。其中有新栽幼树,但主要是管理不善、品种落后。一是果农对优良品种认识不足,购苗时图便宜受骗上当种上了劣质苗,或是盲目引种、品种选择不适合;二是重栽轻管,投入少,技术落后,造成适龄树不能投产、产量低,病虫危害重;三是果园立地条件差等原因形成了不同程度的低产劣质园。

(2)良种繁育体系不健全,苗木市场混乱 我国石榴苗木尚无统一的行业或国家标准,良种繁育体系也很不健全,造成苗木品种良莠不齐,大量劣质品种的苗木投向市场,给生产带来巨大损失。

(3)贮藏、加工等产后措施不配套 在很多产区还没有相应的加工企业或加工企业规模小,造成资源潜力在深度和广度上挖掘的不够,导致附加值低。

(4)研究不够,科技投入差 对石榴的研究尚未引起足够的重视。从事石榴研究的单位少、经费困难、科研人员缺乏,科研条件差。

6. 无公害商品性石榴生产的途径有哪些?

果品的污染源主要来自环境污染和生产污染两个方面。环境污染,情况比较复杂,牵涉政策、资金和技术等诸多问题,全面治理难,只能逐步改善,但可以选择污染程度较轻或无污染的地方作为生产基地。生产污染,主要是人为造成的,只要在果品生产的各个环节采取科学管理措施,严格按照无公害果品的生产管理技术规范操作,特别是严格限制化学农药和化肥的使用,就可以有效地控制污染。

(1)建立良好的生态果园基地 生产无公害果品的果园,大气、土壤和灌溉都不能有污染。因此果园要远离城市、工矿企业、村庄以及车站、码头、公路等交通要道,以避免有害物质污染。灌溉用水要经检测,符合国家标准的水源才可使用。要注意保护果园土壤不被污染,建立有利于农业生态良性循环的土壤管理制度,这是最根本的途径。要做到两变:变以往的土壤清耕裸露和频繁耕作为生草覆盖和免耕、少耕,以减少水土流失,保持良好的土壤结构;变以往的偏施化肥为多施天然有机肥,必要时合理配施化肥,以减少外来因素对土壤的污染和结构的破坏,并提高土壤有机质含量,促进树体生长。这样,一方面能为生产优质果奠定基础,另一方面可有效地增强树体抵御不良环境和病虫危害的能力,为减少化学农药的使用创造条件。再则实行果园养猪、养鸡等,做到果、畜并举,使天然有机肥直接回归土壤,增加有机质含量;实行果园沼气化,配合养猪,改善土壤理化性状,增强土壤活力,提高肥效,促进良性循环;实行节水灌溉,降低能耗并有效利用能源。

(2)因地制宜制定规范化生产技术规程 果园要根据本地的具体条件,因地制宜地制定科学实用的规范生产技术操作规程。其内容主要包括土壤、肥料、灌溉水的管理,整形修剪,花期和结果期的管理,病虫害防治和农药选用以及采收、包装、贮藏等技术。

其中最为关键的是病虫害防治和农药的选用,其次是化肥的合理使用。从果品生产的各个操作环节着手,减少人为侵染,做到无害化生产,保证生产出安全无公害的优质果品。

(3)加强病虫害的综合防治 石榴有多种病虫害,必须加以防治。果园病虫害防治,应全面贯彻"预防为主,综合防治"的植保方针,以改善生态环境、加强栽培管理为基础,优先选用农业措施和生物防治措施,最大限度地减少农药用量,改进施药技术,减少污染和残留,将病虫害控制在经济阈值以下。

(4)科学合理地施用肥料 肥料是保证营养的重要来源。施肥原则是:尽量多施有机肥和复合肥,合理使用化肥,限制使用城市垃圾。无论施用何种肥料,均不应造成对环境和果品的污染,不使果品中的有害物质残留影响人体的健康。同时要有足量的有机质返回到土壤中,以保证和增加土壤有机质的含量及生物活性,这样才能生产出安全、优质、有营养的无公害果品。

(5)确保果品在营销过程中不被污染 果品的包装材料(如包装纸、网套、纸箱、隔板等)、库房以及运输工具等均要保证清洁、卫生、无毒、无异味、无污染。

7. 无公害商品石榴的发展前景如何?

(1)国际市场潜力大 石榴是国际市场需求量较大的果品,它是制作果汁、果酒、果醋、冰淇淋、色拉、酸奶、提取色素的重要原料。作为时下流行的健康美容果品,日本、韩国、美国、欧盟等发达国家每年都大量进口。石榴属于比较典型的劳动力密集型种植业,在欧美等一些发达国家,因其劳动力成本高,发展受到了极大的限制,主要依赖进口。目前世界市场上的石榴主要来自伊朗、以色列等中东国家,伊朗年产石榴6亿千克,是该国主要水果和出口创汇产品。我国石榴主产区的河南开封、云南会泽等地,20世纪70年代石榴也曾出口日本,远销港澳。我国加入世界贸易组织

(WTO)后,农产品市场放开,可以大力发展具有区域优势的石榴生产,将国内优质高档石榴销往国外,既缓解我国农业种植结构调整的压力,也可以出口创汇,增加农民收入。

(2)国内市场需求量增加 随着人们生活水平的提高,石榴鲜果的需求量不断地扩大。尤其是城市人口消费饮食结构的变化,对新鲜水果需求量的增多,也是石榴市场潜力所在。石榴的营养丰富,味美爽口,维生素 C 含量是苹果、梨、葡萄的 1~2 倍,且含有人体必需的 17 种氨基酸和钙、磷、钾等多种矿质元素。

目前全国只有河南、山东、陕西、安徽、四川、云南、江苏、河北等省的部分地区规模种植,形成商品产量。但全国石榴总产量不足水果总产量的 0.1%。南方很多地方都不适宜栽种,而北方由于冬季寒冷石榴树不能越冬也不能栽种。全国能栽种石榴的地方不多,面对 13 亿人口的消费群体,石榴的消费需要市场非常庞大。所以市场紧缺、价格高,为市场紧缺的珍稀果品,种石榴不用愁卖不出去。

(3)栽培技术简单、效益高,为种植结构调整开辟了新路

①品种优良化 全国各石榴主产区在对资源调查基础上,选择利用了一批适合当地生产的优良品种资源,并相继开展了优良品种选育工作,培育出一批性状更加优良的品种,据统计有 50 个左右。同时还从国外引进了一些优良品种,在各产区正逐步实现品种良种化。

②栽培技术先进化 我国石榴生产已逐渐步入发展的新阶段,栽培技术日趋成熟,商品生产逐步扩大,一些主要产区制定了自己的地方标准和生产操作规程,疏花疏果技术、套袋技术、生草覆盖、节水灌溉、配方施肥、叶面施肥等无公害、绿色、有机食品标准化生产技术得到普及和推广,果品质量明显提高。

③生产商品化 石榴生产已逐步从庭院、四旁栽培的粗放自然生长,向规模化、集约化方向发展。高产高效栽培技术、整形修

剪技术、疏花授粉技术、无公害病虫优化防治技术等正逐步在各产区推广，加之一些加工企业的带动，使石榴的生产正逐渐步入商品化生产的新阶段。

（4）易贮藏、好运输，市场供应范围大　石榴属于耐藏果品。当年秋季收获的产品，经过科学贮藏可以存放到翌年5月份，错开季节上市，价格成倍增加。既适合城市郊区集约栽培，应时上市；更适合老、少、边、穷、交通不便地区发展种植，且运输方便。可以长途运输，为"长腿果品"。

（5）加工增值效益高　发展石榴加工，是目前很有前途的阳光产业，经济附加值很高，目前国内石榴加工产品价高畅销，供应稀缺。

石榴全身都是宝，鲜食、加工、外销、内销、医药、美容护肤等市场非常广阔。

8. 无公害商品石榴的发展建议有哪些？

我国加入 WTO 后发展无公害石榴生产，对促进我国石榴产业走上健康的发展道路，发展创汇农业，促使我国果品市场与国际市场接轨，对提高产品的国际竞争能力、增加农民收入有重要意义。

（1）明确发展方向　石榴树能忍受的极限低温为－15℃，当温度降至－16℃以下时，地上部分出现严重冻害甚至整株死亡。因此，我国石榴生产应在现有分布区域内适度发展，在适宜发展地区，历史上出现－15℃以下低温的地区要注意冬季防寒。在适宜栽植以外地区发展要慎重，主要考虑冬季低温影响，不要盲目引种。

石榴生产的发展方向：一是选择在向阳的山坡梯地，西北面有山林阻挡寒流，利用山麓的逆温层带种植石榴，防止冻害发生。二是利用浅山、丘陵、平原荒地、滩地发展石榴生产增加收益，既为老、少、边、穷地区开辟一条致富之路,又可提高土地利用率、保持水土、维持生态平衡,达到土地永续利用、实现农业可持续发展的目的。三是在交通便利、土质肥沃的平原农区,发展集约型高效果园、观光园。

(2)发展优良品种 尽快实现石榴生产良种化,提高市场竞争力。新发展石榴园及大型商品基地,必须保证良种建园。对现有石榴生产中的劣种树,通过高接换种、行间定植良种幼树、衰老树一次性淘汰等方法尽快实现更新。本书推介的优良品种各地可选择利用。

(3)发展无公害生产,提高市场竞争力 随着我国的对外开放和石榴生产的发展、产量的增加,对外出口和对内贸易是大势所趋,必须大力发展无公害石榴生产,以提高优质石榴的市场竞争力。

(4)推进产业化发展 目前我国一些石榴产区产量较低,其中有新栽幼树和部分因管理不善结果不良的,因此要大力普及推广石榴丰产栽培技术,提高石榴的产量和质量。石榴是商品性极高的果品,又可以搞深加工。石榴的发展也必须走产业化的道路,以市场为导向,以企业为龙头,走"公司＋基地＋农户"的路子,大力发展农工贸、产供销一体化的经营服务体系,推进石榴生产产业化进程。

(5)创名牌,提高商品价值 国内许多产区的石榴历史上即为名产:陕西乾县的御石榴因唐太宗和长孙皇后喜食而得名;山东枣庄的软籽石榴和冰糖籽石榴以及河南荥阳的河阴石榴,曾被选作晋京贡品。近年我国石榴生产发展迅速,各产区要注意创立自己的精品名牌,改进包装、贮运技术,提高商品质量,以优质名牌石榴开拓国际国内市场。

二、石榴树的生长结果特性
与石榴商品性生产的关系

1. 石榴根系有什么特征?

(1)根系特征及分布 石榴根系发达,扭曲不展,上有瘤状突起。根皮黄褐色。

①根系分类及特征 石榴根系分为骨干根、须根和吸收根 3 部分。第一类根是骨干根。是指寿命长的较粗大的根,粗度比铅笔稍粗一点,相当于地上部的骨干枝。第二类根是须根。是指粗度比铅笔稍细一点的多分枝的细根,相当于地上部 1～2 年生的小枝和新梢。第三类根就是长在须根(小根)上的白色吸收根。大小长短形如豆芽的叫永久性吸收根,它可以继续生长成为骨干根。还有形如白色棉线的细小吸收根,称为暂时性吸收根,它数量非常大,相当于地上部的叶片,寿命不超过 1 年,是暂时性存在的根。但它是数量大、吸收面积广的主要吸收器官。它除了吸收营养、水分之外,还大量合成氨基酸和多种激素,其中主要是细胞分裂素。这种激素输送到地上部,促进细胞分裂和分化。如花芽、叶芽、嫩枝、叶片以及树皮部形成层的分裂分化,幼果细胞的分裂分化等。总之,吸收根的吸收合成功能,与地上部叶片的光合功能,两者都是石榴树赖以生长发育最主要的功能。须根上生出的白色吸收根,不论是豆芽状的还是细小白线状的,其上具有大量的根毛(单细胞),是吸收水分和养分的主要器官。因其数量巨大,吸收面积也巨大。

石榴根系中的骨干根和须根,将吸收根伸展到土层中,大量吸收水分和养分,并与来自叶片(通过枝干)运来的碳水化合物共同合成氨基酸和激素。所以,根系中的吸收根,不但是吸收器官,也是合成器官。在果园土壤管理上采用深耕、改土、施肥和根系修剪等措施,为吸收根创造好的生长和发展环境,就是依据上述科学规律进行的。

②**根系分布** 见图2-1。

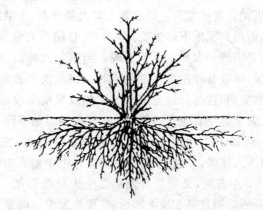

图2-1 石榴根系分布示意

根系的垂直分布:石榴根系分布较浅,其分布与土层厚度有关。土层深厚的地方其垂直根系入地较深,而在土层薄而多砾石的地方垂直根系入地较浅。一般情况下8年生树骨干根和须根主要分布在0~80厘米深的土层中。累计根量以0~60厘米深的土层中分布最集中,占总根量的80%以上。垂直深度达180厘米,树冠高:根深为3:2,冠幅:根深亦为3:2。

根系的水平分布:石榴根系在土壤中的水平分布范围较小。其骨干根主要分布在冠径0~100厘米范围内,而须根的分布范围在20~120厘米处。累计根量分布范围为0~120厘米,占总根量的90%以上,冠幅:根幅为1.3:1,冠高:根幅为1.25:1,即根系主要分布在树冠内土壤中。

(2)根系的年生长动态 石榴根系在1年内有3次生长高峰:

第一次在 5 月 15 日前后达最高峰,第二次在 6 月 25 日前后,第三次在 9 月 5 日前后。从 3 个峰值看植株地上部与地下部生长存在着明显的相关性。5 月 15 日前后地上部开始进入初花期,枝条生长高峰期刚过,处在叶片增大期,需要消耗大量的养分。根系的高峰生长有利于扩大吸收营养面,吸收更多营养供地上部所需,为大量开花坐果做好物质准备。以后地上部大量开花、坐果,造成养分大量消耗,而抑制了地下部生长。6 月 25 日前后大量开花结束进入幼果期,又出现一次根的生长高峰。当第二次峰值过后根系生长趋于平缓,吸收营养主要供果实生长。第三次生长高峰出现正值果实成熟前期,这与保证完成果实成熟及果实采收后树体积累更多养分、安全越冬有关。随着树体落叶和地温的下降,根系生长越来越慢,至 12 月上旬当 30 厘米地温稳定降到 8℃左右便停止生长,被迫进入休眠。而在翌年春季的 3 月上中旬当 30 厘米地温稳定通过 8℃左右时,又重新开始第二个生长季活动。在年周期生长中根系活动明显早于地上部活动,即先发根后萌芽。

(3)根蘖及对石榴树生长的影响 石榴根基部不定芽易发生而形成根蘖。根蘖主要发生在石榴树基部距地表 5～20 厘米处的入土树干和靠近树干的大根基部。单株多者可达 50 个以上甚至上百个,并可在 1 次根蘖上发生多个 2 次、3 次及 4 次根蘖。1 次根蘖旺盛、粗壮,根系较多,1 年生长度可达 2.5 米以上,径粗 1 厘米以上。2、3 次根蘖生长依次减弱,根系较少。石榴枝条生根能力较强,将树干基部裸露的新生枝条培土后基部即可生出新根。根蘖苗可作为繁殖材料直接定植到果园中。生产上大量根蘖苗丛生在树基周围,不但通风不良,还耗损较多树体营养,对石榴树生长结果不利。

2. 石榴干与枝有什么特征?

石榴为落叶灌木或小乔木,主干不明显。树干及大的干枝多向一侧扭曲,有散生瘤状突起,夏、秋季节老皮呈斑块状纵向翘裂并剥落。

(1)干的生长 石榴树干径粗生长从 4 月下旬开始,直至 9 月 15 日前后一直为增长状态,大致有 3 个生长高峰期(即 5 月 5 日前后、6 月 5 日前后和 7 月 5 日前后),进入 9 月份后生长明显减缓,直至 9 月底,径粗生长基本停止。

(2)枝条的生长 石榴是多枝树种,冠内枝条繁多,交错互生,没有明显的主侧枝之分。枝条多为一强一弱对生,少部分为一强两弱或两强一弱轮生。嫩枝柔韧有棱,多呈四棱形或六棱形,先端浅红色或黄绿色。随着枝条的生长发育,老熟后棱角消失近似圆形,逐渐变成灰褐色。自然生长的树形有近圆形、椭圆形、纺锤形等,枝条抱头生长,扩冠速度慢,内膛枝衰老快,易枯死,坐果性差。

石榴枝的年长度生长高峰值出现在 5 月 5 日前后,4 月 25 日至 5 月 5 日生长最快,5 月 15 日后生长明显减缓,至 6 月 5 日后春梢基本停止生长,石榴也进入盛花期。石榴枝条只有一小部分徒长枝夏、秋季继续生长,而不同品种、同品种载果量的多少,其夏、秋梢生长的比例不同,载果量小、树体生长健壮者夏、秋梢生长得多且生长量大;树体生长不良及载果量大者夏、秋梢生长量小或整株树没有夏、秋梢生长。夏梢生长始于 7 月上旬,秋梢生长始于 8 月中下旬。

春梢停止生长后,少部分顶端形成花蕾,而在基部多形成刺枝。秋梢停止生长后顶部多形成针刺,刺枝或针刺枝端两侧各有一个侧芽,条件适合时发育生长以扩大树冠和树高。刺枝和针刺的形成有利于枝条的安全越冬。

3. 石榴叶有什么特征?

叶是行使光合作用制造有机营养物质的器官。石榴叶片呈倒卵圆形或长披针形,全缘,先端钝圆或微尖,其叶形的变化随着品种、树龄及枝条的类型、年龄、着生部位等而不同。叶片质厚,叶脉网状。

幼嫩叶片的颜色因品种不同而分为浅紫红、浅红、黄绿 3 色。其幼叶颜色与生长季节也有关系,春季气温低幼叶颜色一般较重,而夏、秋季幼叶颜色相对较浅。成龄叶深绿色,叶面光滑。叶背面颜色较浅,也不及正面光滑。

4. 石榴芽有什么特征?

芽是石榴树上一种临时性重要器官,是各类枝条、叶片、花和果实等营养器官、生殖器官的原始体。各种枝条都是由不同的芽发育而成的。石榴生长和结果、更新和复壮等重要的生命活动都是通过芽来实现的。

(1)叶芽 萌发后发育为枝叶的芽叫叶芽。石榴叶芽外形瘦小,先端尖锐,鳞片狭小,芽体多呈三角形。未结果幼树上的芽都是叶芽,进入结果期后部分叶芽分化成花芽。

(2)花芽 石榴的花芽是混合芽,萌发后先长出一段新梢,在新梢先端形成蕾花结果。混合芽较大、呈卵圆形,鳞片包被紧密,多数着生在各种枝组的中间枝(叶丛枝)顶端。石榴树上的混合芽多数分化程度差、发育不良,其外形与叶芽很难区分。这类混合芽发育的果枝,花器发育不良,成为退化花不能结果,修剪时应剪除。质量好的混合芽多着生在 2~3 年生健壮枝上。

(3)中间芽 指各类极短枝上的顶生芽,其周围轮生数叶,无明显腋芽。石榴树中间芽外形近似于混合芽,数量很多。一部分发育成混合芽抽生结果枝,一部分遇到刺激后萌发成旺枝,多数每年仅作微弱生长、仍为中间芽。

5. 如何分辨石榴的完全花和败育花?

石榴花为子房下位的两性花(图 2-2)。花器的最外一轮为花萼,花萼内壁上方着生花瓣,中下部排列着雄蕊,中间着生雌蕊。

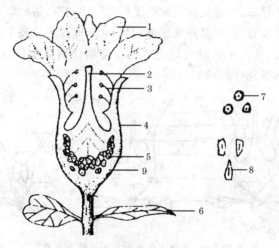

图 2-2　石榴完全花的构造示意
1. 花瓣　2. 雌蕊　3. 雄蕊　4. 萼筒　5. 心皮
6. 托叶　7. 花粉粒　8. 胚珠　9. 花托

　　萼片 5～8 裂(多数 5～6 裂),联生于子房,肥厚宿存。石榴成熟时萼片有圆筒状、闭合状、喇叭状或萼片反卷紧贴果顶等几种方式,其色与果色近似(一般较淡)。萼片形状是石榴品种分类的重要依据。同一品种萼片形状基本是固定的,但也有例外。即同一品种、同株树由于坐果期早晚萼片形状有多种。因坐果早、中、晚,故萼片分为闭合状、圆筒状和喇叭状 3 种。

　　花瓣有鲜红、乳白、浅紫红等三基色,瓣质薄而有皱褶。一般品种的花瓣与萼片数相同,为 5～8 枚(多数 5～6 枚);一些重瓣花品种的花瓣数多达 92～102 枚。

　　花冠内有雌蕊 1 个,居于花冠正中。花柱长 10～12 毫米,略高、同高或低于雄蕊。雌蕊初为红色或淡青色,成熟的柱头圆形具乳状突起、上有绒毛。雄蕊花丝多为红色或黄白色,成熟花药及花粉金黄色。

花有败育现象。如果雌性败育，其萼筒尾尖，雌蕊瘦小或无，明显低于雄蕊，不能完成正常的受精作用而凋落，俗称雄花、狂花。两性正常发育的花，其萼筒尾部明显膨大，雌蕊粗壮高于雄蕊或和雄蕊等高，条件正常时可以完成授粉受精作用而坐果，俗称完全花、雌花、果花(图2-3)。

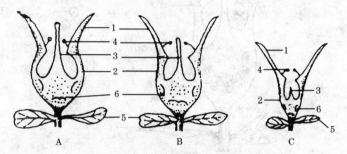

图 2-3　石榴不同类型花的纵剖面示意
A. 正常(果)花　B. 中间型花　C. 退化型花
1. 萼片　2. 萼筒　3. 雌蕊　4. 雄蕊　5. 托叶　6. 心片

不同品种其正常和败育花比例不同。有些品种总花量大，完全花比例亦高；有些品种总花量虽大，完全花比例却较低。而有些品种总花量虽较少，但完全花比例却较高。

同一品种花期前后其完全花和败育花比例不同。一般前期完全花比例高于后期，而盛花期(6月6～10日)完全花的比例又占花量的75%～85%。

影响开花动态的因素很多，除地理位置、地势、土壤状况、温度、雨水等自然因素外，就同一品种的内因而言，与树势强弱、树龄、着生部位、营养状况等有关。树势及母枝强壮的完全花率高；同一品种随着树龄的增大，其雌蕊退化现象愈加严重；生长在土质肥沃条件下的石榴树比生长在立地条件差处的石榴树完全花率高；树冠上部比下部、外围比内膛完全花率高。

6. 石榴花芽是怎样分化的?

花芽主要由上年生短枝的顶芽发育而成。多年生短枝的顶芽,甚至老茎上的隐芽也能发育成花芽。黄淮地区石榴花芽的形态分化从 6 月上旬开始,一直到翌年末花开放结束,历时 2～10 个月不等,既连续又表现出 3 个高峰期(即当年的 7 月上旬、9 月下旬和翌年的 4 月上中旬),与之对应的花期也存在 3 个高峰期。头批花蕾由较早停止生长的春梢顶芽的中心花蕾组成,翌年 5 月上中旬开花;第二批花蕾由夏梢顶芽的中心花蕾和头批花芽的腋花蕾组成,翌年 5 月下旬至 6 月上旬开花。此两批花结实较可靠,决定石榴的产量和质量。第三批花主要由秋梢于翌年 4 月上中旬开始形态分化的顶生花蕾及头批花芽的侧花蕾和第二批花芽的腋花蕾组成,于 6 月中下旬、直到 7 月中旬开完最后一批花,此批花因发育时间短、完全花比例低、果实也小,在生产上应加以适当控制。

花芽分化与温度的关系:花芽分化要求较高的温、湿条件,其最适温度为月平均气温 20℃±5℃。低温是花芽分化的限制因素,月平均气温低于 10℃时花芽分化逐渐减弱直至停止。

7. 石榴花序的类型有哪些?

石榴花蕾着生方式为:在结果枝顶端着生 1～9 个花蕾不等。品种不同着生的花蕾数不同,其着生方式也多种多样(图 2-4)。

7～9 个蕾的着生方式较多。但有一个共同点,即中间位蕾一般是两性完全花,发育的早且大多数成果。侧位蕾较小而凋萎,也有 2～3 个发育成果的但果实较小。

蕾期与花的开放时间:以单蕾绿豆粒大小可判定为现蕾,现蕾至开花 5～12 天。春季蕾期由于温度低,经历时间要长、可达 20～30 天;簇生蕾、主位蕾比侧位蕾开花早,现蕾后随着花蕾增大,萼片开始分离,分离后 3～5 天花冠开放。花的开放一般在上

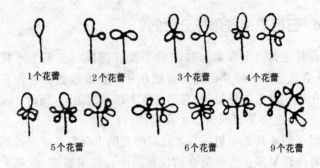

1个花蕾　　　2个花蕾　　　3个花蕾　　　4个花蕾

5个花蕾　　　　6个花蕾　　　　9个花蕾

图 2-4　石榴花蕾在果枝顶端着生方式示意

午 8 时前后,从花瓣展开到完全凋萎不同品种经历时间有差别,一般品种需经 2～4 天,而重瓣花品种需经 3～5 天。石榴花的散粉时间一般在花瓣展开的第二天,当天并不散粉。

8. 石榴花的授粉规律是怎样的?

石榴自花、异花都可授粉结果,以异花授粉结果为主。

(1)自花授粉　自交结实率平均 33.3%。品种不同,自交结实率不同,重瓣花品种结实率高达 50%,一般花瓣数品种结实率只有 23.5%左右。

(2)异花授粉　结实率平均 83.9%,其中授以败育花花粉的结实率为 81%,授以完全花花粉的结实率为 85.4%。在异花授粉中,白花品种授以红花品种花粉的结实率为 83.3%。完全花、败育花其花粉都具有受精能力,花粉发育都是正常的。不同品种间花粉具有受精能力。

9. 石榴结果枝与结果母枝有什么特点?

结果枝条多一强一弱对生。结果母枝一般为上年形成的营养枝,也有 3～5 年生的营养枝。营养枝向结果枝转化的过程,实质上也就是芽的转化,即由叶芽状态向花芽方面转化。营养枝向结果枝转化的时间因营养枝的状态而有不同,需1～2年或当年即可完成,因在当年抽生新枝的二次枝上有开花坐果现象。徒长枝生长旺盛,分生数个营养枝,通过整形修剪等管理措施,使光照和营养发生变化,部分营养枝的叶芽分化为混合芽,抽生结果枝而开花结果。

石榴在结果枝的顶端结果,结果枝在结果母枝上抽生。结果枝长1～30厘米,叶片2～20个,顶端形成花蕾1～9个。结果枝坐果后果实高居枝顶,但开花后坐果与否均不再延长。结果枝上的腋芽,顶端若坐果,当年一般不再萌发抽枝。结果枝叶片由于养分消耗多,衰老快,落叶较早(图2-5)。

果枝芽在冬、春季比较饱满,春季抽生顶端开花坐果后由于养分向花果集中,使得结果枝比对位营养枝粗壮。其在强(长)结果母枝和弱(短)结果母枝上抽生的结果枝数量比例不同。强(长)结果母枝上的结果枝比率平均为83.7%,明显高于弱(短)结果母枝上的结果枝比率的16.3%。品种不同二者比例有所变化,但总的趋势相同。

图2-5 石榴的开花与结果状态
1. 短营养枝抽生新梢 2. 短结果母枝抽生结果枝 3. 结果枝 4. 新梢

10. 石榴坐果早晚与果实商品性有什么关系?

石榴花期自5月15日前后至7月中旬开花结束,经历了长达约60天的时间。花期较长,花量大,花又分两性完全花和雌性败育花两种。败育花因不能完成正常受精作用而落花。两性完全花坐果率盛花前期(6月7日)和盛花后期(6月16日)不同,前期完全花比例高,坐果率亦高(为92.2%)。随着花期推迟,完全花比例下降,坐果率也随着降低(为83.3%),趋势是先高后低。就石榴全部花计算,坐果率则较低。不同品种完全花比例不同,坐果率在7%~45%之间。同一品种树龄不同坐果率不同,成龄树后随着树龄的增大,正常花比例减少,退化花比例增大,其坐果率降低。在花期内坐果愈早,果重、粒重、品质愈高,商品价值愈高。随坐果期推迟,果实、粒重变小,可溶性固形物含量降低,商品价值下降;而随着坐果期推迟,石榴皮变薄。健壮树坐果多、果个大,果实商品性比衰老树好。

11. 石榴果实的生长发育有什么特点?

(1)果实的生长　石榴果实由下位子房发育而成。成熟果实球形或扁圆形,皮为青色、黄色、红色、黄白色。有些品种果面有点状或块状果锈,而有些品种果面光洁。果底平坦或尖尾状或有环状突起,萼片肥厚宿存。果皮厚1~3毫米,富含单宁,不具食用价值。果皮内包裹着由众多籽粒分别聚居于多心室子房的胎座上,室与室之间以竖膜相隔。每个果内有种子100~900粒。同一品种、同株树上的不同果实,其子房室数不因坐果早晚、果实大小而有大的变化。

石榴从受精坐果到果实成熟采收的生长发育需要110~120天,果实发育大致可以分为幼果速生期(前期)、果实缓长期(中期)和采前稳长期(后期)3个阶段。幼果期出现在坐果后的5~6周时间内,此期果实膨大最快,体积增长迅速。果实缓长期出现在坐果后的6~9周时间,历时20天左右,此期果实膨大较慢,体积增长速度放缓。采前稳长期亦即果实生长后期、着色期,出现在采收前6～7周时间内,此期果实膨大再次转快,体积增长稳定,较果实生长前期慢、中期快,果皮和籽粒颜色由浅变深达到本品种固有的颜色。在果实整个发育过程中横径生长量始终大于纵径生长量,其生长规律与果实膨大规律相吻合(即前、中、后期为快、缓、较快)。但果实发育前期纵径绝对值大于横径,而在果实发育后期及结束横径绝对值大于纵径。

(2)种子 种子即籽粒,呈多角体。食用部分为肥厚多汁的外种皮。成熟籽粒分乳白色、紫红色、鲜红色,由于其可溶性固形物成分含量有别,味分甜、酸甜、涩酸等;内种皮形成种核,有些品种核坚硬(木质化),而有些品种核硬度较低(革质化),成为可直接咀嚼的软籽类品种。籽粒一般在发育成熟后才具有食用价值,其可溶性固形物含量也由低到高。品种不同籽粒含仁率不同,一般在60%～90%。同一品种的同株树坐果早的含仁率高,坐果晚的含仁率低。

12. 石榴果实色泽、籽粒风味与商品性有什么关系?

以石榴成熟时的色泽,可以分为紫色、深红色、红色、蜡黄色、青色、白色等。果实鲜艳,果面光洁,果实商品价值高。籽粒色泽比皮色色泽单调些。

石榴果实的色泽随着果实的发育有3个大的变化:第一阶段,花期花瓣及子房为红色或白色,直至授粉受精后花瓣脱落,果实由红色或白色渐变为青色,需要2～3周;第二阶段,果皮青色,在幼果生长的中后期和果实缓长期;第三阶段在7月下旬、8月上旬,因坐果期早晚有差别,开始着色,随果实发育成熟、花青素增多。色泽发育为本品种固有特色。

树冠上部、阳面及果实向阳面着色早,树冠下部、内膛、阴面及果实背光面着色晚。

影响着色的因素有树体营养状况、光照、水分、温度等。果树徒长,氮肥使用量过大,营养生长特别旺盛则不利于着色,树冠内膛郁蔽透光率差影响着色;一般干燥地区着色好些,在较干旱的地方,灌水后上色较好;水分适宜时有利于光合作用进行,而使色素发育良好;昼夜温差大时有利于着色。石榴果实接近成熟的 9 月上中旬着色最快,色泽变化明显。这与温差大有显著关系。

籽粒风味大致可分为 3 类:即甜(含糖量 10％以上,含酸量 0.4％以下,糖酸比 30∶1 以上)、酸甜(含糖量 8％以上,含酸量 0.4％以下,糖酸比 30∶1 以下)、酸(含糖量 6％以下,含酸量 3％～4％,糖酸比 2∶1 以上)。

三、无公害石榴商品性生产
的环境条件要求

1. 我国石榴的适宜栽培区有哪些?

一般而言,凡是冬季绝对气温不低于-13℃、旬最低温度平均值不低于-7℃地区,均为石榴的适宜栽培区。凡是冬季绝对最低气温不低于-15℃、旬最低温度平均值不低于-9℃地区,为次适栽培区。低温冻害是限制石榴发展的最关键因子。因此,河北省的迁安县、顺平县、元氏县及山西省的临汾、临猗县以北地区,甘肃省的临洮县及西藏自治区贡觉、芒康一线以西地区,内陆省、自治区高海拔地区,不宜种植石榴树外,南界至海南省最南端乐东县、三亚市,东界至黄海和南海边,全国20多个省、自治区、直辖市均可以发展石榴生产。水平分布的地理坐标为东径98°~122°,北纬19°50′~37°40′,横跨热带常绿果树带、亚热带常绿果树带、云贵高原常绿落叶果树混交带、温带落叶果树带和干旱落叶果树带。

2. 石榴的物候期是怎样的?

我国黄淮地区石榴的物候期如下。

(1)根系活动期 吸收根在3月上中旬(旬30厘米平均地温8.5℃)开始活动。4月上中旬(旬30厘米平均地温14.8℃)新根大量发生,第一次新根生长高峰出现在5月中旬,第二次出现在6月下旬。

(2)萌芽、展叶期 3月下旬至4月上旬、旬平均气温11℃时萌芽,随着新芽萌动,嫩枝抽生叶片并展开。

(3)初蕾期 4月下旬、旬平均气温14℃,花蕾如绿豆粒大小。

(4)**初花期** 5月15日前后、旬气温22.7℃左右。

(5)**盛花期** 5月25日持续到6月15日前后历时20天,此期亦是坐果盛期,旬气温24℃~26℃。

(6)**末花期** 7月15日前后、旬气温29℃左右,开花基本结束,但就整个果园而言,直到果实成熟都可陆续见到花。

(7)**果实生长期** 5月下旬至9月中下旬、旬气温24℃~18℃,果实生长期为120天左右。

(8)**果熟期** 9月中下旬、旬气温18℃~19℃,因品种不同提前或错后。

(9)**落叶期** 11月上中旬、旬气温11℃左右。

石榴地上部年生长在旬平均气温稳定通过11℃时开始。年生长期为210天左右,休眠为150天左右。

石榴物候期因栽培地区、不同年份及品种习性的差异而不同,气温是影响物候期的主要因素。我国南方萌芽早、果实成熟早,落叶迟;而在北方则正好相反。因此各产地物候期也不同(表3-1)。

表3-1 石榴不同产地物候期比较

产 地	萌芽期	始花期	成熟期	落叶期
河南开封	3月下旬	5月中旬	9月中下旬	10月下旬至11月上旬
山东枣庄	3月下旬	5月中旬	9月中下旬	10月下旬
陕西临潼	3月下旬	5月中旬	9月中下旬	10月下旬
安徽怀远	3月下旬	5月中旬	9月中下旬	10月底
四川会理	2月上旬	5月上旬	7月下旬至8月上旬	11月下旬
云南蒙自	2月上旬	5月上旬	7月中旬	12月下旬

3. 适合商品石榴生产的基本环境条件要求有哪些?

(1)**土壤** 土壤是石榴树生长的基础。土壤的质地、厚度、温度、透气性、水分、酸碱度、有机质、微生物区系等,对石榴树地下部地上部生长发育有着直接的影响。生长在沙壤土上的石榴树,由于土壤疏松、透气性好、微生物活跃,故根系发达,植株健壮,根深、枝壮、叶茂、花期长、结果多。但生长在黏重土壤或土层浅薄、砾石层分布浅以及河道沙滩土壤肥力贫瘠处的植株,由于透气不良或土壤保水肥、供水肥能力差,导致植株生长缓慢、矮小,根幅、冠幅小、结果量少,果实小、产量低,抗逆能力差。石榴树对土壤酸碱度的要求不太严格,pH 值在 4～8.5 之间均可正常生长,但以 pH 值为 7±0.5 的中性和微酸偏碱土壤中生长最适宜。土壤含盐量与石榴冻害有一定相关性,重盐碱区石榴园应特别注意防冻。石榴树对自然的适应能力很强,在多种土壤上(棕壤、黄壤、灰化红壤、褐土、褐壖土、潮土、沙壤土、沙土等)均可健壮生长,对土壤选择要求不严。以沙壤土最佳。

(2)光照　石榴树是喜光植物,在年生长发育过程中,特别是石榴果实的中后期生长、果实的着色,光照尤为重要。

光是石榴树进行光合作用、制造有机养分必不可少的能源,是石榴树赖以生存的必要条件之一。光合作用的主要场所是富含叶绿素的绿色石榴叶片,此外是枝、茎、裸露的根、花果等绿色部分,因此生产上保证石榴树的绿色面积很重要。而光照条件的好坏,决定光合产物的多少,直接影响石榴树各器官生长的好坏和产量的高低。光照条件又因不同地区、不同海拔高度和不同的坡向而有差异。此外石榴树的树体结构、叶幕层厚薄与栽植距离有关。一般光照量在我国由南向北随纬度的增加逐渐增多。在山地,从山下往山上随海拔高度的增加而加强,并且紫外光增加,有利于石榴的着色;从坡向看,阳坡比阴坡光照好。石榴树的枝条太密、叶幕层太厚,光照差。石榴树栽植过密光照差,栽植过稀光照利用率低。

石榴果实的着色除与品种特性有关外,与光照条件也有很大关系。阳坡石榴树的果实着色好于阴坡,树冠南边向阳面及树冠外围果实着色好。

栽培上要满足石榴树对光照的要求。在适栽地区栽植是基本条件，而合理密植、适当整形修剪、防治病虫害、培养健壮树体则是关键。我国石榴栽培区年日照时数的分布是东南少而西北多，从东南向西北逐渐增加，但各石榴产区的年日照时数基本可满足石榴年生长发育对光照的需求。

（3）**温度** 影响石榴树生长发育的温度，主要表现在空气温度和土壤温度两个方面，温度直接影响石榴树的水平和垂直分布。石榴属喜温树种，喜温畏寒。据观察，石榴树在旬气温10℃左右时树液流动，11℃时萌芽、抽枝、展叶。日气温24℃～26℃授粉受精良好，气温18℃～26℃适合果实生长和种子发育；日气温18℃～21℃，且昼夜温差大时，有助于石榴籽粒糖分积累，当旬平均气温11℃时落叶，地上部进入休眠期。气候正常年份地上部可忍耐－14℃的低温，气候反常年份－9℃即导致地上部枝干部分出现冻害。

由于地温变化小，冬季降温晚，春季升温早，所以在北方落叶果树区石榴树根系活动周期比地上器官长，即根系的活动春季早于地上部，而秋季则晚于地上部停止活动。生长在亚热带生态条件下的石榴树，改变了落叶果树的习性，即落叶和萌芽年生长期内无明显的界限，地上部地下部生长基本上无停止生长期。

石榴从现蕾至果实成熟需≥10℃的有效积温2 000℃以上，年生长期内需≥10℃的有效积温在3 000℃以上。在我国石榴各产区温度完全可以满足树体年生长发育需要。

（4）**水分** 水是植物体的组成部分。石榴树根、茎、叶、花、果的发育均离不开水分，其各器官含水量分别为：果实80％～90％、籽粒66.5％～83％、嫩枝65.4％、硬枝53％、叶片65.9％～66.8％。

水分不足或过多都会对石榴树产生不良影响。水分不足，大气湿度小,空气干燥,会使树体光合作用降低,叶片因细胞失水而凋萎。据测定,当土壤含水量为12%～20%时有利于花芽形成和开花坐果及控制幼树秋季旺长促进枝条成熟,20.9%～28%时有利于营养生长,23%～28%时有利于石榴树安全越冬。石榴树属于抗旱力强的树种之一,但干旱仍是影响其正常生长发育的重要原因,在黄土丘陵区以及沙区生长的石榴树,由于无灌溉条件,生长缓慢,比同龄的有灌溉条件的石榴树明显矮小,很易形成"小老树"。水分不足除对树体营养生长影响外,对其生殖生长的花芽分化、现蕾开花及坐果和果实膨大都有明显的不利影响。据测定,当30厘米土壤含水量为5%时,石榴幼树出现暂时萎蔫;含水量降至3%以下时,则出现永久萎蔫。反之,水分过多,日照不足,光合作用效率显著降低。特别当花期遇雨或连阴雨天气,树体自身开花散粉受影响。而外界因素的昆虫活动受阻、花粉被雨水淋湿、风力无法传播,对坐果影响明显。在果实生长后期遇阴雨天气时,由于光合产物积累少,果实膨大受阻,并影响着色。但当后期天气晴好、光照充足、土壤含水量相对较低时,突然降水和灌水又极易造成裂果。

在我国,石榴分布在年降水量55～1 600毫米的地区,且降水量大部分集中在7～9月份的雨季,多数地区干旱是制约石榴丰产稳产的主要因素。

石榴树对水涝反应也较敏感,果园积水时间较长或土壤长期处于水饱和状态,对石榴树正常生长造成严重影响。生长期连续4天积水,叶片发黄脱落;连续积水超过8天,植株死亡。石榴树在受水涝之后,由于土壤氧气减少,根系的呼吸作用受到抑制,导致叶片变色枯萎、根系腐烂、树枝干枯、树皮变黑乃至全树干枯死亡。

水分多少除直接影响石榴树的生命活动外,还对土壤温度、大气温度、土壤酸碱度、有害盐类浓度、微生物活动状况产生影响,而对石榴树发生间接作用。

(5)风 通过风促进空气中二氧化碳和氧气的流动,可维持石榴园内二氧化碳和氧气的正常浓度,有利于光合、呼吸作用的进行。一般的微风、小风可改变林间湿度、温度,调节小气候,提高光合作用和蒸腾效率,解除辐射、霜冻的威胁,有利于生长、开花、授粉和果实发育。所以风对果实生长有密切关系。但风级过大易形成灾害,对石榴树的生长不利。

(6)地势、坡度和坡向 石榴树垂直分布范围较大,从平原地区的海拔 10～20 米,到山地 2 000 米均可以正常生长。

地势、坡度和坡向的变化常常引起生态因子的变化而影响石榴树生长。石榴树在山地就没有平原区生长的好,但在一定范围内随海拔高度的增加,石榴的着色、籽粒品质明显优于低海拔地区。

山地随着坡度的增大,土壤的含水量减少,冲刷程度严重,土壤肥力低、干旱,易形成"小老树",产量、品质都不佳。坡向对坡地的土壤温度、土壤水分有很大影响。南坡日照时间长,所获得的散射辐射也比水平面多,小气候温暖,物候期开始较早,石榴果实品质也好。但南坡因温度较高,融雪和解冻都较早,蒸发量大,易于干旱。

自然条件对石榴树生长发育的影响,是各种自然因素综合作用的结果。建园前必须把握当地自然条件和主要矛盾,有针对性地制定相应技术措施,以解决关键问题为主,解决次要问题为辅,使外界自然条件的综合影响有利于石榴树的生长和结果。

4. 提高无公害石榴商品性对环境有哪些要求?

(1)产地要求 无公害石榴产地应选择在生态条件良好,远离火力发电厂、化工厂、水泥厂、农药厂、冶炼厂、煤窑、炼焦厂等污染源,以减少粉尘、二氧化硫、二氧化氮及氟化物的污染,并具有可持续生产能力的农业生产区域。

(2)**产地环境空气质量要求** 无公害石榴果园的空气环境质量标准,应符合国家标准《农产品安全质量 无公害水果产地要求》(GB/T 18407.2—2001)。无公害水果产地环境空气中总悬浮颗粒物(TSP)、二氧化硫(SO_2)、氮氧化物(NO_2)、氟化物(F)和铅等 5 种污染物的含量见表 3-2。

表 3-2 无公害果园要求空气质量指标

项 目	季平均	月平均	日平均	1 小时平均
总悬浮颗粒物/(标准状态)(毫克/升)	—	—	≤0.30	—
二氧化硫/(标准状态)(毫克/升)	—	—	≤0.15	≤0.50
氮氧化物/(标准状态)(毫克/升)	—	—	≤0.12	≤0.24
氟化物/(标准状态)(微克/升)	—	≤10	—	—
铅/(标准状态)(微克/升)	≤1.5	—	—	—

(3)**产地灌溉水质量要求** 无公害石榴果品生产基地用水要求清洁无毒,应符合国家标准《农产品安全质量 无公害水果产地环境要求》(GB/T 18407.2—2001)对无公害果品生产用水的要求。

无公害水果生产灌溉用水的 pH 值及氯化物、氰化物、氟化物、汞、砷、铅、镉、六价铬、石油类等 9 类污染物的含量应符合一定要求(表 3-3)。要由法定检测机构对水质进行定期监测和评价,灌溉期间采样点应选在灌溉水口上;氟化物的指标数值为一次测定的最高值,其他各项指标为灌溉期多次测定的平均值。

表 3-3 无公害水果产地农田灌溉用水质量指标 (毫克/升)

水质指标	标 准	水质指标	标 准
pH 值	5.5~8.5	总 镉	≤0.005
石油类	≤10	总 砷	≤0.1
氟化物	≤3.0	总 铅	≤0.1

续表 3-3

水质指标	标 准	水质指标	标 准
氰化物	≤0.5	六价铬	≤0.1
氯化物	≤250	总 汞	≤0.001

(4)产地土壤环境质量要求 根据我国国家标准《农产品安全质量 无公害水果产地环境要求》(GB/T 18407.2—2001),无公害水果产地土壤环境中汞、砷、铅、镉、铬等 5 种重金属及六六六和 DDT 的含量应符合如下要求(表 3-4)。

表 3-4 无公害水果产地土壤环境质量指标 (毫克/千克)

pH 值	总汞	总砷	总铅	总镉	总铬	六六六	DDT
<6.5	≤0.30	≤40	≤250	≤0.30	≤150	≤0.5	≤0.5
6.5~7.5	≤0.50	≤30	≤300	≤0.30	≤200	≤0.5	≤0.5
>7.5	≤1.0	≤25	≤350	≤0.60	≤250	≤0.5	≤0.5

土壤监测标准:土壤必测项目是汞、镉、铅、砷、铬等 5 种重金属和六六六、DDT 等 2 种农药以及 pH 值。一般 1~2 公顷为一个采样单元,采样深度为 0~60 厘米,多点(5 点)混合为一个土壤样品。检测标准为:2 种农药残留标准均不得超过 0.5 毫克/千克,5 种重金属的残留标准因土质不同而异。

5. 无公害石榴安全要求的国家标准是什么?

(1)重金属及有害物质限量 根据我国国家标准《农产品安全质量 无公害水果安全要求》(GB 18406.2—2001),果品中重金属及有害物质的限量见表 3-5。

表 3-5　无公害水果重金属及其他有害物质最大限量　（毫克/千克）

项　目	指　标	项　目	指　标
砷（以 As 计）	≤0.5	镉（以 Cd 计）	≤0.03
汞（以 Hg 计）	≤0.01	氟（以 F 计）	≤0.5
铅（以 Pb 计）	≤0.2	亚硝酸盐（以 $NaNO_2$ 计）	≤4.0
铬（以 Cr 计）	≤0.5	硝酸盐（以 $NaNO_3$ 计）	≤400

（2）农药最大残留限量　根据我国国家标准《农产品安全质量无公害水果安全要求》（GB 18406.2—2001）的要求，果品中的农药最大残留量见表 3-6。

表 3-6　无公害水果农药残留最大限量　（毫克/千克）

项　目	指　标	项　目	指　标
马拉硫磷	不得检出	敌敌畏	≤0.2
对硫磷	不得检出	乐果	≤1.0
甲拌磷	不得检出	杀螟硫磷	≤0.4
甲胺磷	不得检出	倍硫磷	≤0.05
久效磷	不得检出	辛硫磷	≤0.05
氧化乐果	不得检出	百菌清	≤1.0
甲基对硫磷	不得检出	多菌灵	≤0.5
克百威	不得检出	氯氰菊酯	≤2.0
水胺硫磷	≤0.02（柑橘果肉）	溴氰菊酯	≤0.1
六六六	≤0.2	氰戊菊酯	≤0.2
DDT	≤0.1	三氟联苯菊酯	≤0.2

注：未列项目的农药残留量标准各地区根据本地实际情况按有关规定执行

6. 无公害食品石榴的国家行业标准是什么？

我国 2005 年公布的行业标准《无公害食品　落叶浆果类果

品》(NY 5086—2005)中,明确给出了包括石榴在内的无公害浆果类果品安全指标限量,对无公害石榴的农药和有害重金属残留限量提出了具体要求。在石榴的无公害生产实践中,可以参照这些指标限量,科学合理地使用农药,并对环境或产品进行有效监测,从而确保生产出符合无公害食品标准质量要求的石榴产品。

(1)**感官要求** 石榴果品要求成熟适度、果形正常、果面光洁;果面具有该品种的正常色泽,无裂果、无畸形、无残伤、无明显病虫害、无腐烂。籽粒具有该品种的正常色泽和固有风味,无异味。

(2)**卫生安全指标** 卫生要求见表3-7。

表3-7 无公害石榴卫生安全指标 (毫克/千克)

项 目	指 标	项 目	指 标
敌敌畏	≤0.2	多菌灵	≤0.5
乐 果	≤1.0	百菌清	≤1.0
溴氰菊酯	≤0.1	砷	≤0.5
氯氰菊酯	≤2.0	铅	≤0.2
甲霜灵	≤1.0	镉	≤0.03
三唑酮	≤0.2		

注:其他有毒有害物质的指标应符合国家有关法律、法规、行政规章和强制性标准的规定。葡萄检测甲霜灵,其他果品不检测

四、提高石榴商品性生产水平的优良品种

1. 符合商品性石榴生产的主要优良品种有哪些?

优良品种除必须具有生长健壮、抗病虫能力强、丰产优质等优点外,在干旱寒冷的我国北部、西部产区,还必须具有耐旱、耐寒、耐瘠的优点,而在多阴雨高温的南方地区须具有耐高温、耐多湿、易坐果的优点。

(1)蜜露软籽 由冯玉增等人选育(彩图1)。该品种树冠圆形,树姿紧凑,枝条密集,树势中庸;成枝力一般,5年生树冠幅/冠高=3.5米/3.6米。树干表皮纹路清晰,纵向排列,有瘤状突起并有块状翘皮脱落;幼枝浅红色,老枝灰褐色,枝条绵软,针刺少、绵韧;幼叶浅红色,成叶深绿色,长椭圆形,长7~8厘米,宽1.7~2厘米。花瓣红色5~6片,完全花率48.6%左右,坐果率62%左右。

果皮红色,果面光洁;果实圆形稍扁,果形指数0.94,果底平圆,萼筒圆柱形,高0.5~0.7厘米,径0.6~1.2厘米,萼片开张5~6片;最大果重850克,平均310克;籽粒深红色,核软,成熟时有放射状针芒,百粒重平均50.1克、最大62克。单果子房数4~12室,皮厚1.5~3毫米,可食率64.5%,果皮韧性较好,一般不裂果;风味酸甜适口,可溶性固形物含量17%左右,含糖量13.58%,含酸量0.22%,维生素C 7.44毫克/100克,每千克含铁3.08毫克、钙53.3毫克、磷410毫克。该品种主要优点之一就是后期坐的果其果实小而籽粒相应减少,但籽重仍较高,保持了大粒特性,可食率仍较高。果实成熟期为9月下旬至10月上旬。

扦插苗栽后2年见花,3年结果,单株产量5千克以上。第五

年单株产量达 25 千克以上,逐渐进入盛果期。10 年生大树单株产量超过 100 千克。

该品种适生范围广,抗病、抗旱,耐瘠薄。在绝对最低气温高于－17℃、≥10℃的年积温超过 3 000℃、年日照时数超过 2 400 小时、无霜期 200 天以上的地区,均可种植。

(2)蜜宝软籽 由冯玉增等人选育(彩图 2)。该品种树势健壮,成枝力强,树姿开张,枝条柔韧密集,5 年生冠幅/冠高＝4.2 米/3.8 米。幼叶深红色,成叶窄长、深绿色。幼枝褐红色,老枝浅褐色。刺枝绵韧,未形成刺枝的枝梢冬季抗寒性稍差。主干及大枝扭曲生长,有瘤状突起,老皮易翘裂。花红色,花瓣 5~7 片,总花量大,完全花率 42%左右,自然坐果率 60%左右。果皮鲜红色,果实近球形,果形指数 0.95;萼筒圆柱形,萼片 5~7 裂、多翻卷。平均果重 320 克,最大果重 1 050 克;子房 8~13 室,籽粒鲜红色,核软,出籽率 61%,百粒重平均 43 克,出汁率 88.3%,可溶性固形物含量 16.5%左右,风味酸甜爽口。成熟期 9 月下旬,5 年生树平均株产 28.6 千克。

该品种抗寒、抗旱、抗病、耐贮藏,抗虫能力中等。不择土壤,在平原农区、黄土丘陵、浅山坡地、肥地、薄地均可正常生长,适生范围广,丰产潜力大。适栽地区同蜜露软籽。

(3)豫石榴 1 号 由冯玉增等人选育而成,河南省林木良种审定委员会审定(彩图 3)。该品种树姿开张,枝条密集,成枝力较强,5 年生树冠幅/冠高＝4 米/3 米。幼枝紫红色,老枝深褐色;幼叶紫红色,成叶窄小、深绿色;刺枝坚硬且锐,量大;花红色,花瓣 5~6 片,总花量大,完全花率 23.2%,坐果率 57.1%。果实圆形,果皮红色。萼筒圆柱形,萼片开张、5~6 裂;平均果重 270 克,最大 1 100 克。子房 9~12 室,籽粒玛瑙色,出籽率 56.3%,百粒重平均 34.4 克,出汁率 89.6%,可溶性固形物含量 14.5%左右,风味酸甜。成熟期 9 月下旬。5 年生树平均株产 26.6 千克。该品种抗寒、抗旱、抗病,耐贮藏,抗虫能力中等,适栽地区同蜜露软籽。

(4)豫石榴2号 选育和审定同豫石榴1号(彩图4)。树姿紧凑,枝条稀疏、成枝力中等,5年生树冠幅/冠高＝2.5米/3.5米。幼枝青绿色,老枝浅褐色。幼叶浅绿色,成叶宽大、深绿色。刺枝坚韧,量小。花冠白色,单花5～7片,总花量小,完全花率45.4％左右,坐果率59％左右。果实圆球形,果形指数0.9,果皮黄白色、洁亮。萼筒基部膨大,萼6～7片。平均果重348.6克,最大者1 260克。子房11室,籽粒水晶色,出籽率54.2％,百粒重平均34.6克,出汁率89.4％,可溶性固形物含量14％,糖酸比68：1,味甜。成熟期9月下旬。5年生树平均株产27.9千克。适栽地区同蜜露软籽。

(5)豫石榴3号 其选育和审定同豫石榴1号(彩图5)。树姿开张,枝条稀疏、成枝力中等,5年生树冠幅/冠高＝2.8米/3.5米;幼枝紫红色,老枝深褐色。幼叶紫红色,成叶宽大、深绿色。刺枝绵韧,量中等。花冠红色,单花6～7片,总花量少,完全花率29.9％左右,坐果率72.5％左右。果实扁圆形,果形指数0.85,果皮紫红色,果面洁亮。萼筒基部膨大,萼6～7片。平均果重282克,最大者980克;子房8～11室,籽粒紫红色,出籽率56％,百粒重平均33.6克,出汁率88.5％,可溶性固形物含量14.2％左右,糖酸比30：1,味酸甜。成熟期9月下旬。5年生树平均株产23.6千克。适栽地区同蜜露软籽。

(6)河阴软籽 原产于河南省荥阳县。该品种树势强健,树姿开张。嫩梢红色。花红色,单轮着生。雌蕊黄绿色。平均单果重324克,最大果重达861克。果实扁球形,果形指数为0.83。底色绿黄,阳面有红晕。果皮厚4.2毫米左右。皮韧,用手不能剥离。籽粒淡红色至鲜红色,籽粒大而长,平均百粒重48～65克,核极软。可食率58.6％,出汁率91.4％,含可溶性固形物15％～18％,糖酸比35：1,酸甜味浓,有香气,品质上等。成熟前无落果,有极轻裂果。极耐贮藏,常温下塑料薄膜小包装,果实可贮至翌年4月份。5月5日开花,10月中旬成熟,11月上旬落叶,为晚熟品种。抗寒性强,抗病性强,适应性广。自花结实,丰产稳产,最高株产达125千克以上。适栽地区同蜜露软籽。

(7)突尼斯软籽 由国家林业部于1986年从突尼斯引进。果实圆形,微显棱肋,平均单果重406.7克,最大者650克;萼筒圆柱形,萼片5~7枚、闭合或开张;近成熟时果皮由黄色变为红色。成熟后外围向阳处果面全红色、间有深红色断条纹,背阴处果面红色占2/3。果皮洁净光亮,个别果有少量果锈,果皮薄、平均厚3毫米,可食率61.8%,籽粒红色,核特软,百粒重平均56.2克,出汁率91.4%,含糖量15.5%,含酸量0.29%,维生素C含量1.97毫克/100克,风味甘甜,品质优。成熟早。

树势中庸,枝较密,成枝力较强,4年生树冠幅、冠高分别为2米和2.5米。幼嫩枝红色、有四棱,老枝褐色,侧枝多数卷曲。刺枝少。幼叶紫红色,叶狭长、椭圆形、深绿色。花红色,花瓣5~7片,总花量较大,完全花率约34%,坐果率占70%以上。8月中旬果实成熟。该品种抗旱、抗病,择土不严,但抗寒性较差,冬季易受冻害。适栽地区因抗寒性较差,发展区域受限制。

(8)泰山红 于1984年在泰山南麓一庭院内发现,母株树龄已有140余年(彩图6)。树高6米,冠径4~5米,4主枝丛状形,枝条开张性强。叶大宽披针形。叶柄短,基部红色。花红色单瓣。果实近圆形或扁圆形。果径8~9厘米,一般单果重400~500克、最大果重750克。果皮鲜红,果面光洁而有光泽,外形美观。萼片5~8裂,幼果期萼片开张,随果实发育逐渐闭合。果皮薄,厚度为0.5~0.8厘米,质脆,籽粒鲜红色,粒大肉厚,平均百粒重54克,可溶性固形物含量17%~19%,味甜微酸,籽核半软。风味极佳,品质上等。成熟期不易裂果。果实较耐贮藏。

该品种的开花期和果实收采期比一般品种晚。于6月上中旬开花,可自花授粉。在当地9月下旬至10月初为其采果期。

该品种抗旱、耐瘠薄。缺点是萼筒粗而大,商品外观差,易被桃蛀螟钻蛀为害。适于山丘有防风防寒条件的小气候区或庭院内栽培。

(9)峄县软籽 原产于山东省枣庄市。该品种树体较小。树势较弱,枝条紊乱,针刺少。果实近球形,单果重210～430克,最大者达500克。果面黄绿色,阳面有红晕,并有褐黑色的斑点连成片状。果皮厚2.5～3毫米。每果平均有籽粒217粒。籽粒为白色或粉红色,三角形,中大,排列紧密,味甘甜,核软,含糖量10%～13%,品质中上。果实于8月下旬成熟。

该品种适应性较强,较耐干旱,但在生长季节需要有充足的水分。雨水充足的年份,花开得整齐;如水分不足,则易出现干果及落果现象。果实成熟以前,适宜干燥天气。在花期遇雨,对授粉不利,影响坐果。较耐寒,极端最低温度－16℃以下地区不宜发展。

(10)峄87-青7 原产山东省枣庄市峄城区。树体中等,树姿开张。枝条生长粗壮,二次枝较多。新梢浅灰色,停止生长后顶端转化为针刺。多年生枝灰白色。叶片对生、倒卵形,叶色深绿,叶尖急尖钝圆。果实近扁圆形,果面较光洁、有明显的纵棱条纹,果面底色黄绿、阳面有红晕或红褐色。萼筒半开张。一般果重360～650克,最大果重1 357克,单果籽粒451～862粒。子房数8～12室,百粒重40～61克,核较硬,含糖量16%,含酸量0.49%,籽粒透明,鲜红色,味甜。结果能力强,丰产性好,当地9月中旬成熟。

(11)玛瑙籽 安徽怀远产区优良品种(彩图7)。树势中庸,树姿开张,枝粗壮,茎刺少。果实球形,多偏斜。平均单果重250克,最大者达500克。果皮薄而稍软,橙黄色,阳面鲜红色。籽粒大、浅红色,百粒重平均60克,核软可食。汁液多味甜,含可溶性固形物16%左右,可食率64%。因籽粒中心有一红点,发出放射状"针芒"故称"玛瑙籽"。在当地9月底成熟,耐贮运。

适应性强,多在淮河平原靠荆山、涂山的山麓土壤深厚肥沃的浅丘台地种植,适应于怀远、濉溪、宿县、萧县等淮北地区种植。成年树一般株产果40～60千克。

(12)玉石籽 安徽省怀远产区良种。树势较弱,树姿开张。果实圆球形,平均单果重250克,最大果重550克。果皮光滑、白色,阳面鲜红色,皮较薄。籽粒大,青白微红色,百粒重平均60克,核软可食。汁多味甜,含可溶性固形物16.5%左右,可食率59%。在当地果实于9月上中旬成熟,易裂果,不耐贮运。适栽地区同玛瑙籽。

(13)濉溪软籽 安徽省濉溪县著名品种。树势中庸,萌蘖力强。叶小,窄,披针形。果实扁圆形,中大,有明显的4～5条棱,果梗极短。果皮极薄、青黄色,向阳面浅红色,果底黄铜色有小红点,果面光滑无锈。籽粒晶莹,青白色或淡黄色。籽粒大,核小而绵软,食用无垫牙感,汁多味浓甜。果实于8月底至9月初成熟,耐贮藏,但因果皮薄不抗挤压,故不耐运输。平均单果重165克,最大果重350克。籽粒百粒重平均61.4克,含可溶性固形物17.4%左右,可食部分占63%。抗病虫能力弱,雨后易裂果,适应性稍差。适栽地区同玛瑙籽。

(14)青皮软籽 原产四川省会理县(彩图8)。树冠半开张,树势强健,刺和萌蘖少。嫩梢叶面红色,幼枝青色。叶片大、深绿色,阔披针形,长5.7～6.8厘米、宽2.3～3.2厘米。花大、朱红色,花瓣多为6片,萼筒闭合。果实近圆球形,果重610～750克,最大者达1050克,皮厚约5毫米、青黄色,阳面红色,或具淡红色晕带。心室7～9个,单果籽粒300～600粒,百籽重52～55克,品质优。当地2月中旬萌芽,3月下旬至5月上旬开花,7月末至8月上旬成熟,裂果少,耐贮藏。单株产量50～150千克,最高者达250千克。

该品种适应性强,对气候和土壤要求不严。在海拔 650～ 1 800 米、年平均气温 12℃ 以上的热带、亚热带地区,均可广泛引种种植。

(15)软核酸 主产于四川省会理县。该品种为稀有品种。树势中庸,呈不整齐圆头形。刺和萌蘖较多。嫩梢红色,幼枝淡红色。花较大,花瓣鲜红色、鲜艳夺目,萼筒紫红色,花期较早、较长,1 年多次开花,秋花现象突出。45 年生树高 5.9 米,冠径 4.5 米× 5.5 米。较丰产,单株产量 25～75 千克、高者达 100 千克。平均果重 200 克,最大者可达 400 克。果实短卵圆形,基部高而突出,萼片基部肥大。果皮鲜红色,阳面深红色,果面光滑、有光泽,十分艳丽美观。果皮较厚、约 7 毫米,组织疏松。百粒重平均 20 克。籽粒深红色,马齿状,透明。种子小,核极软、可食,汁极多,酸而回味微甜,别有风味。可食部分占 60% 以上,含可溶性固形物 16% 左右。成熟期早,但成熟期极不一致,采果期长。不易裂果,较耐贮运。适栽地区同青皮软籽。

(16)会理红皮石榴 原产于四川省会理县。树冠半开张,嫩枝淡红色,叶片稍厚,花朱红色。果实近球形,果面略有棱,平均果重 530 克,纵径 9.5 厘米、横径 11.1 厘米,最大果重 610 克。果皮底色绿黄覆朱色红霞,阳面具胭脂红霞,萼筒周围色更深,果肩有油浸状锈斑。皮厚约 0.5 厘米,组织较疏松,心室 7～9 个,单果籽粒 517 粒,籽粒鲜红色、马齿状,核小较软,百粒重 54 克,可食率 44.1%。风味甜浓,有香味,含可溶性固形物 15%。当地 7 月末至 8 月上旬成熟。适栽地区同青皮软籽。

(17)江驿石榴 原产于四川省会理县。树姿开张,刺和萌蘖较多。果实近球形,平均果重 370 克,纵径 8 厘米、横径 9 厘米,最大果重 420 克,果面光滑有棱,阳面具红晕,皮薄约 0.3 厘米,绿黄色。单果籽粒约 510 粒,百粒重平均 43 克,可食率 56.7%。籽粒鲜红色,核较大而硬。风味甜稍淡,含可溶性固形物 15.8% 左右。

果实整齐度和成熟度比较一致。单株产量 25～100 千克,最高者达 150 千克。适栽地区同青皮软籽。

(18)火炮 原产于云南省会泽县盐水河流域(彩图 9)。树势较强,树姿抱合,结果后开张。叶大深绿,果实近球形,萼筒粗短闭合,果面光滑、底色黄白、阳面全红。果皮较厚,平均果重 356 克,最大果重达 1 000 克。平均百粒重 67 克。粒色深红,核软可食,近核处"针芒"多。可溶性固形物含量 15%～16.5%,果汁多,味纯甜。在当地于 2 月上旬萌芽,3 月中旬至 4 月下旬开花,8 月下旬果实成熟。

该品种对土壤要求不严,适生范围广,抗病、抗旱、耐瘠薄。在海拔 1 200～2 000 米之间、绝对最低气温高于 -14℃和 ≥10℃的年积温超过 3 000℃的地区均可种植。

(19)甜绿籽 原产云南省蒙自及个旧地区。植株较小,树势中等。果实圆球形,平均单果重 248 克,果面具浅红色晕,表面有较多锈斑,萼片开张,果皮较薄、厚度约 1.9 毫米。粒大,百粒重平均 52 克,粉红色,核软,种子小。可溶性固形物含量 13.8% 左右,汁液多,渣少,甜香爽口。在当地,该品种的头茬花果于 7 月底 8 月初即可成熟。适栽地区同火炮石榴。

(20)糯石榴 原产云南省巧家县。树势中庸,树姿开张,叶片大。果实圆球形,平均单果重 360 克,最大果重达 900 克。果面光亮,底色黄绿、略带锈斑,阳面鲜红色。花与萼为红色,萼片闭合,外形美观。果皮中厚,籽粒肥大、百粒重平均为 77 克,粉红色。因核软而得名。近核处"针芒"多。汁多味浓,有甜香味。可溶性固形物含量 13%～15%,品质优。该品种在当地 2 月初萌芽,3～4 月份开花,8 月上旬果实成熟。适栽地区同火炮石榴。

(21)汤碗石榴 原产于云南省开远市(彩图 10)。树高 4～8 米,树干粗糙,皮灰褐色。嫩枝四棱形、红绿色,停止生长的秋梢先端多形成刺枝。叶长椭圆形或倒卵圆形。1～5 朵花生于枝顶或叶腋,花红色。果实球形,单果重 500～700 克,最大果重 1 200 克。果皮薄、紫红色,萼筒钟形。籽粒大、核小,单果籽粒约 600 粒,平均百粒重 36.3 克。外种皮肉质多汁,鲜红色,味甘甜,含可溶性固形物 13.5%左右。结果早、丰产,5 年生树株产 16～20 千克。当地 9 月份成熟。

(22)水晶汁石榴 原产于云南省个旧地区。树势较强,树姿半直立。成枝力强,枝条深灰绿色、粗壮无棱突。叶片大。果实圆球形,平均果重 230 克,纵径 7.1 厘米,横径 7.8 厘米,萼筒钟状、高 1.5～2 厘米,萼片反卷开张;果皮厚、黄绿底色,果面光滑洁亮,具有大片红色彩霞;心室 7～9 个,隔膜薄,籽粒中大、紫红色,可食率 62.3%。风味甜,有轻微香味,含可溶性固形物 14.8%左右。当地 8 月份成熟,裂果轻。

(23)青壳石榴 原产于云南省巧家县。果实圆形,萼片 7～8 裂、开张。果重 404～700 克。果面光洁、皮厚约 0.3 厘米、青绿色,阳面紫红色。心室 7～8 个,单果籽粒 554～871 粒,籽粒大,略圆,水红色。汁液多,含糖量 13%,含酸量 0.58%,味甜。当地 8～9 月份成熟,不易裂果,耐贮藏。

(24)红壳石榴 原产于云南省巧家县。果实圆球形,有棱 7 条,萼片 6～7 裂、开张。平均果重 318 克,最大者 400 克。果皮红色,组织松软。心室 5～7 个,单果籽粒 721～847 粒,籽粒大、近圆形、深红色,汁多味甜。当地 8～9 月份成熟,易裂果,不耐贮,果萼易干缩。

(25)净皮软籽甜 原产于陕西省西安市临潼区(彩图 11)。树势强健,耐瘠薄,抗寒,耐旱,树冠较大,枝条粗壮、茎刺少。叶大,长披针或长卵圆形。初萌新叶为绿褐色,后渐转为深绿色。萼筒和花瓣为红色。果实圆球形,平均单果重 240 克、最大果重 690 克。果实鲜艳美观,果皮薄、表面光洁、底色黄白。果面具粉红色或红色彩霞,萼片 4～8 裂、多为 7 裂,直立、开张或抱合,少数反卷。籽粒为多角形、粉红色,浆汁多,风味甜香,近核处有放射状针芒。核软,含可溶性固形物14%～16%,品质上等。该品种在临潼产地3月下旬萌芽,5月中旬开花,9月上中旬果实成熟。采前及采收期遇连阴雨时易裂果。

该品种喜温暖气候,在冬季气温等于或高于-17℃、≥10℃的年积温超过3 000℃的地区,均可种植。对土壤要求不严,但建园以土层深厚、排水良好的沙壤土或壤土为宜。

(26)临选1号 原产于陕西省西安市临潼区。树姿开张,树势中庸略强。枝条粗大,叶披针形或长椭圆形。退化花少,结实率高,丰产稳产。果实圆球形,平均果重334克,最大者达625克。果皮较薄,果面光滑、锈斑少、底色黄白,果面粉红或鲜红色。萼筒直立稍开张。籽粒大,水红色。百粒重平均47克,最大者达51克。汁液多,味清甜。核软可食,近核处"针芒"多,含可溶性固形物14%～16%,品质优。采收期遇雨易裂果。该品种在临潼地区4月1日萌芽,5月上旬至6月中旬开花,9月中下旬成熟,10月下旬落叶。适栽地区同净皮软籽甜。

(27)临选8号 原产于陕西省西安市临潼区。树冠较大,树势中强。枝条节间长,茎刺少。叶片较大,长披针形或卵圆形。果实圆球形,平均单果重330克,最大果重达620克。果皮中厚。果面光洁、黄白色,外形美观。萼筒直立开张或稍抱合。粒大、清白色,百粒重平均41克,最大44克。汁液多,味清甜爽口。核软可食,近核处"针芒"极多。可溶性固形物含量15%～16%,品质上等。该品种在当地于3月底萌芽,5月上旬至6月下旬开花,果实在9月中旬成熟。采收期遇雨裂果轻,较耐贮藏。适栽地区同净皮软籽甜。

(28)大红甜石榴 原产于陕西省西安市临潼区。树冠大,半圆形,枝条粗壮,多年生枝条灰褐色,茎刺少;叶大,长椭圆形或阔卵圆形,色深绿。果实球形,重300～400克,最大620克,萼片朱红色,6~7裂,果皮较厚,果面光洁,皮色深红色。心室4~12个,多数6~8个,单果籽粒563粒,籽粒鲜红或深红色,百粒重平均27.3克,含可溶性固形物15%~17%,风味浓甜而香。当地3月下旬萌芽,花期5月上旬至7月上旬,9月上中旬成熟。采前或采期遇连阴雨易裂果。适栽地区同净皮软籽甜。

(29)天红蛋(又名小叶石榴) 原产于陕西省西安市临潼区。树势强健,耐寒抗旱。树冠较大、半圆形,枝条细而密,皮灰褐色,茎刺多而硬。叶小,披针形或椭圆形,深绿色,花瓣鲜红色。果实扁圆形,单果重250~300克、最大者457克,萼片6~8裂,多数反卷开张;果皮厚,果面较光滑、深红。心室5~12个,多数6~9个。单果籽粒约526粒,籽粒鲜红色,百粒重平均25.7克,核大而硬,含可溶性固形物14%~16%,风味甜带微酸。当地3月下旬至4月上旬萌芽,花期5月上旬至7月上旬,9月中下旬成熟。采前或采期遇连阴雨裂果较轻。适栽地区同净皮软籽甜。

(30)御石榴 原产于陕西省乾县、礼泉县。树势强健,树冠圆形,主干和主枝有瘤状突起,枝条直立。1年生枝浅褐色,多年生枝灰褐色。叶片较小,长椭圆形,深绿色。果实圆球形,平均果重750克、最大者1500克,萼筒粗大,萼片5~8裂、多数6~7裂,闭合。果面光洁,阳面深红色,皮厚,粒大多汁、红色,含糖量14.15%,含酸量0.81%,风味甜酸。因唐太宗和长孙皇后喜食而得名为御石榴。当地4月中旬萌芽,花期5月上旬至6月下旬,10月上中旬成熟。可分为红、白两种类型。适栽地区同净皮软籽甜。

(31)江石榴 原产山西省临猗县临晋乡(彩图12)。树体高大,树形自然圆头形,树势强健。枝条直立,易生徒长枝。叶片大,倒卵形,深绿色。果实扁圆形,平均单果重250克、最大者500~750克。果皮鲜红艳丽,果面净洁光亮,果皮厚5~6毫米,可食率60%。籽粒大,软核。籽粒深红色,水晶透亮,内有放射状"针芒"。味甜微酸,汁液多,含可溶性固形物17%左右。果实9月下旬成熟,极耐贮运、可贮至翌年 2～3 月份。早果性能较好。其缺点是果熟期遇雨易裂果。

冬季极端最低气温低于－15℃地上部分出现冻害。极端最低气温低于－17℃,持续时间超过 10 天,地上部分出现毁灭性冻害。年生长期内需要有效积温超过 3 000℃。该品种抗旱、抗寒、抗风,适宜在晋、陕、豫沿黄地区发展种植。

(32)特大果石榴 该品种为南京市引种。树高 2～7 米。叶长 2～8 厘米,宽 1～2 厘米。针刺长 5～10 厘米,少数可达 14 厘米。花红色,花瓣 5～7 片。果皮红色,平均果重 500 克、最大者 750～1 000 克。有特大果型和大果型两种,后者果重 450～500 克。

(33)叶城大籽石榴 原产于新疆维吾尔自治区叶城、塔什、疏附一带。树势强健,抗寒性强,丰产,枝条直立,花鲜红色。最大果重 1 000 克,果皮薄、黄绿色。籽粒大,汁多,品质上等。当地 9 月中下旬成熟。

(34)南澳石榴 产于广东省南澳县。树势强健,叶片长椭圆形。果实扁圆形,平均果重 350 克左右、最大果重 1 000 克。果皮青黄色,阳面具红晕、光洁。籽粒白色,含糖量 11.8%,含酸量 0.35%,维生素 C 含量 6.6 毫克/100 克,风味酸甜。当地 8 月下旬至 9 月初成熟。

(35)胭脂红 广西壮族自治区梧州地区优良品种。树势强健,植株高大。果实大,果顶为罐底形。果皮厚,上部带粉红色。籽粒淡白色,味甜,并有特殊香气,品质优良,高产。抗病虫,最高株产量可达 75 千克以上。

(36)糖石榴 又名甜石榴、冰糖石榴。湖南省芷江县优良品种。因其籽实甜如冰糖而得名。树姿较开张,一般树高 3～5 米。树冠圆头形或伞形。主干灰褐色,树皮浅纵裂、部分剥落,树干有瘤状突起。主枝青灰色、圆形,有小而突起的黄白色皮孔。嫩枝四方形,有棱,阳面红色。嫩叶亦带红色。成枝力强,枝条密度大。叶披针形或倒披针形,绿色。3月份萌发,4月初展叶,10月份落叶。花红色或黄红色,萼片5～6裂,萼筒钟状,花瓣5～6片、覆瓦状排列。花期5月初至6月底。栽后3年结果,8～10年进入盛果期,株产30～40千克。果皮红黄色,果实方圆形,横径7.5厘米左右,纵径6.8厘米左右。平均果重250～350克,最大者550克。果皮薄,心室9～10个,单果籽粒300～400颗,百粒重40～50克,出籽率65%左右,可食率85%左右。籽呈方形、晶亮透明,沿种核向外呈放射状的水红色针芒,种核较小且软,籽汁多,风味浓甜而香。含总糖11.36%,可滴定酸0.37%,维生素C 8.87毫克/100克,可溶性固形物13.5%左右,粗蛋白质0.53%,粗脂肪0.59%,糖酸比30.7∶1。9月中旬果熟。易遭虫害,有裂果现象。该品种丰产性能较好,产量稳定。

(37)大红皮甜 河北省元氏县优良品种。该品种树势强健,较耐寒、抗旱、抗病;果实球形,最大单果重600克、平均250克;果皮光洁,底色黄白,色彩深红,萼片直立或开张;籽鲜红色或深红色,味甜而香,品质上。河北省9月下旬至10月上旬成熟。采前遇雨有裂果现象,果实耐贮藏。

(38)太行红 河北省元氏县优良品种。该品种树姿开张,1年生枝条灰褐色,茎刺较少。叶片长椭圆形,鲜绿色,大而肥厚。花量少,花冠红色,雌花占70%以上。果实近圆球形,平均单果重625克,最大单果重1 000克。果皮底色乳黄色,阳面鲜红色,果面光洁、美观,萼片闭合,籽粒水红色,百籽重平均39.5克,风味甜,品质优,出汁率81.9%左右,可溶性固形物含量15.9%左右。适期采收,室温下可贮藏3个月,在地窖可贮藏5个月以上。

2. 石榴品种的选配原则和搭配方式是什么?

(1)品种选配原则 第一,要选栽优良品种。我国各石榴产区都有许多优良品种,要优中选优并加以利用。新发展区在引种时要根据当地气候、地势、土壤及栽培目的、市场情况、风俗习惯等综合情况引进高产、优质、抗病虫害、耐贮运品种。第二,石榴园的品种注意不要单一化,特别是较大型果园。还应考虑早、中、晚熟品种的搭配,以便提早和延长鲜销和加工时期,拉长供应链条。第三,考虑发展石榴生产的主要目的,城市、厂矿等消费人群密集地区多发展鲜食品种,有加工能力的地区可以加工(如酸石榴)、鲜食品种兼顾,以旅游绿化为主的发展赏、食兼用型品种,以花卉为主的发展观赏性品种。

(2)品种搭配方式 果园品种数量的配置以 2～3 个为宜。选择与主要栽培目的相近、综合性状优良、商品价值高的品种为主栽品种,另搭配 1～2 个其他类型的品种。同时注意早、中、晚熟不同成熟期品种的合理搭配。

(3)授粉树的配置 石榴一般不用配置授粉树。但有些石榴品种花粉量较小,配置花粉量大的品种可以提高坐果率。因此石榴园要避免品种单一化。授粉树如果综合性状很优良可以比例大些,反之小些。授粉品种和主栽品种可控制在 1:1～8 的比率。

3. 石榴的引种原则是什么?

对引种石榴品种的原则要求:一是其经济性状,优势突出;二要考虑引种对当地自然条件适应的可能性,而此是引种的关键。

(1)同生态型地区引种 属于同一生态型地区的不同产地的品种在气候适应上具有较多的共性,相互引种比从不同生态型地区引种成功的可能性较大。可以互相引种。

(2)极限低温与引种 石榴耐寒性较差,能否安全越冬是引种的关键。石榴能忍受的极限低温为−15℃。石榴引种时必须查阅引入地历年气象资料,不要盲目进行。

(3)不同地区引种 石榴起源于亚热带及温带地区,喜暖畏寒。在我国南树北引由于其长期生长在温暖环境中,抗寒能力较差,即使没有极限低温和非正常低温影响,正常年份也可能不能安全越冬。北树南引一般不受影响。

引种时同纬度、同生态区、北树南引易成功。我国石榴引种北限应为北纬 $37°40'$,至于盆栽或采用保护地栽培另当别论。引种时注意对病虫害检疫,避免将危险性病虫害带入。

五、提高石榴商品性生产水平的建园技术

1. 石榴园地的选择和规划有哪些要求?

适宜栽树建园地点的选择,尤其要考虑石榴树种的生态适应性和气候、土壤、地势、植被等自然条件,以及无公害生产环境条件要求。

(1)小区规划 小区是石榴园中的基本单位,其大小因地形、地势、自然条件而不同。山地诸因素复杂、变化大,小区面积一般1.3~2公顷,有利于水土保持和管理。丘陵区小区面积一般2~3公顷,形状采用2:1或5:2或5:3的长方形,以利于耕作和管理,但长边要与等高线走向平行并与等高线弯度相适应,以减少土壤冲刷。平地果园的地形、土壤等自然条件变化较小,小区面积以利于耕作和管理为原则,可定在3~6公顷。

(2)园内道路和灌排系统 为果园管理、运输和灌排方便,应根据需要设置宽度不同的道路,道路分主路、支路和小路3级。灌排系统包括干渠、支渠和园内灌水沟。道路和灌排系统的设计要合理,原则是既方便得到最大利用率,又最经济地占用园地面积,节约利用土地。平原区果园的排水问题如果能与灌水沟并用更好,如不能并用,要查明排水去向,单独安排排水系统。坡地果园的灌水渠道应与等高线一致,最好采用半填半挖式,可以灌、排兼用,也可单独设排水沟。一般在果园的上部设0.6~1米宽、深适度的拦水沟,直通自然沟,拦排山上下泄的洪水。

2. 石榴园地的准备和土壤改良技术有哪些?

建园栽树前要特别重视园地加工改造,尤其山地丘陵要搞好

水土保持措施,为果树创造一个适宜生长和方便管理的环境。先改土后栽树是栽好石榴树,提早进入丰产期取得持续高产、稳产、优质的基础。

(1)山地园地准备

①等高梯地的修建 在坡度为 5°～25°地带建园栽植石榴树时,宜修筑等高梯地。其优点是变坡地为平台地,减弱了地表径流,可有效地控制水土流失,为耕作、施肥、灌排提供了方便。同时梯地内能有效地加深土层,提高土壤水肥保持能力,使石榴树根系发育良好,树体健壮生长。

等高梯地的结构是由梯壁、边埂、梯地田面、内沟等构成。梯壁可分为石壁或土壁。以石块为材料砌筑的梯壁多砌成直壁式,或梯壁稍向内倾斜与地面成 75°角,即外噘嘴、里流水;以黏土为材料砌筑的梯壁多采用斜壁式,保持梯壁坡度 50°～65°,土壁表面要植草护坡,防水冲刷。

修建梯地前,应先进行等高测量,根据等高线垒砌梯壁,要求壁基牢固,壁高适宜。一般壁基深 1 米、厚 50 厘米,垒壁的位置要充分考虑坡度、梯田宽度、壁高等因素,以梯田面积最大、最省工、填挖土量最小为原则。施工前,应在垒壁与削壁之间留一壁间,垒砌梯壁与坡上部取土填于下方并夯实同步进行,即边垒壁边挖填土,直至完成计划田面,并于田面内沿挖修较浅的排水沟(内沟),将挖出的土运至外沿筑成边埂。边埂宽度 40～50 厘米,高度 10～15 厘米(图 5-1)。石榴树栽于田面外侧的 1/3 处,既有利于果树根系生长,又有利于主枝伸展和通风透光。梯地田面的宽窄应以具体条件如坡度大小,施工难易,土壤的层次肥性破坏程度(破坏程度越小,土层熟土层易保存,有利果树生长)等而定。

②鱼鳞坑(单株梯田) 在陡坡或土壤中乱石较多地带不宜修筑梯田的山坡上,栽植石榴树,可采取修筑鱼鳞坑形式。方法是按等高线以株距为间隔距离定出栽植点,并以此栽植点为中心,由上

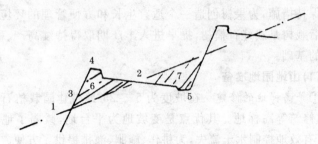

图5-1 等高梯地的结构断面示意

1. 原坡面 2. 田面 3. 梯壁 4. 边埂 5. 内沟 6. 填土区 7. 取土区

部取土,修成外高内低的半月形土台,土台外缘以石块或草皮堆砌,拦蓄水土,坑内栽植石榴树。修建时要依据坡度大小、土层厚薄,因地制宜,最好是大鱼鳞坑,客好土栽石榴树。目前生产上推广应用的翼式鱼鳞坑由于两侧加了两翼,能充分利用天然降水,提高地表径流利用率,是山区、丘陵整地植树的好方法。一般鱼鳞坑长1米,中央宽1米、深0.7米,两翼各1米(图5-2)。

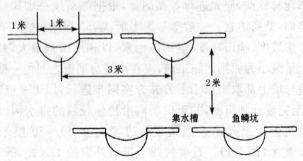

图5-2 鱼鳞坑坑形与坡地设置示意

　③等高撩壕　是在缓坡地带采用的一种简易水土保持措施栽植石榴树方式。做法是按等高线挖成横向浅沟,下沿堆土成壕,石榴树栽于壕外侧偏上部。由于壕土较厚,沟旁水分条件较好,有利于石榴树的生长。

　撩壕有削弱地表径流、蓄水保土、增加坡面利用率的功能,适于缓坡地带。一般坡度越大,壕距则越小,如5°坡壕距可为10米,10°坡壕距则为5～6米。撩壕可分年完成,也可1年完成。一般以先撩壕、后栽树为宜,必要时也可先栽树、后撩壕,但注意不要栽植过深,以免撩壕栽植后埋土过深影响石榴树生长。

撩壕应随着等高线走向进行,比降可采用(1～3)/3000,以利于排水。沟宽一般50～100厘米,沟深30～40厘米,沟底每隔一定距离做一小坝(称小坝壕或竹节沟)以蓄水保土。水少时可全部在沟内,水多时漫溢小坝、顺沟缓流、减少地表径流(图5-3)。

图5-3　等高撩壕断面示意

1. 壕坝　2. 壕外坡　3. 壕内坡　4. 沟心
5. 沟下壁　6. 沟上壁　7. 原坡面

(2)沙荒园地准备　沙荒地建园前首先要搞好平整土地。其次是改良土壤。其方法有引黄灌淤——在沿黄灌区都可采用此法。据测定,黄河携带泥沙肥分较高,每吨含氮1千克、磷1.5千克、钾20千克、有机质8.6千克,可有效地提高肥分。灌淤之后,再深翻改土,翻淤盖沙,使生土熟化,土沙混合,形成下淤上沙、保水保肥的"蒙金地"。在没有条件灌淤的沙荒地,可以采用"放树窝"的客土改良法,即于定植前,挖掘大穴,换入好土植树。还有一种方法是防风固沙营造防护林,在成林前可以播种牧草或绿肥如紫穗槐、苜蓿、草木樨、沙打旺等,水分条件好的沙地可以栽植沙柳、柽柳、沙枣等,建立沙障。对于盐碱地的改良,农、林、牧、水等技术措施要综合运用。其主要措施有：营造防护林、灌淤压碱、沟渠台田、增施有机肥料、种植耐盐碱绿肥苜蓿、紫穗槐、田菁、草木樨等。

(3)园地土壤改良　新建果园，特别是丘陵山地果园，通过深耕熟化改良土壤，加深土层，改善土壤结构和理化性能，为果树根系生长发育创造适宜环境非常重要。

生土熟化的主要措施是深耕（翻）与施肥。深翻可以使表土与心土交换位置，加深和改良耕作层增加土壤空隙度，提高持水量，促进石榴树根系发育良好。熟化生土的肥料最好是用腐熟的有机肥和新鲜的绿肥，每 667 平方米 2 500～5 000 千克为宜。可集中施于定植穴附近使土壤先行熟化，以后再逐年扩大熟化的范围。如能在坡改梯田之后、定植石榴树之前种植两季绿肥，结合深耕翻入土壤之中则更为理想。深耕结合增施有机肥料可以加速土壤的熟化和改良过程，有利于提高定植成活率和促进石榴树的生长发育，对提前结果和后期丰产作用很大。

3. 石榴优质苗木的标准有哪些？

目前国内还没有统一的石榴苗木质量标准。根据河南省石榴苗木生产和建园用苗的现状，其苗木分级标准见表5-1。

表 5-1　苗木地方分级标准

苗龄	等级	苗高(厘米)	地径(厘米)	侧根条数	根幅(厘米)	备注
1年生	一	85～100	0.8～1.0	6	40	无伤根
	二	65～84	0.6～0.7	4～5	40	无伤根
	三	50～64	0.4～0.5	2～3	30	少数伤根
2年生	一	105～120	1.0～1.2	10	50	无伤根
	二	85～104	0.8～0.9	8～9	50	无伤根
	三	60～84	0.6～0.7	6～7	40	少数伤根

4. 石榴苗木的准备应注意哪些问题?

栽植前应对苗木进行检查和质量分级。将弱小苗、畸形苗、伤口过多苗、病虫苗、根系不好苗、质量太差苗剔除,另行处理。要求入选苗木粗壮,芽饱满、皮色正常,具有一定的高度,根系完整,分等级栽植。当地育苗当地栽植的,随起苗随栽植最好。异地购入苗木不能及时栽植的要做临时性的假植。对失水苗木应立即浸根一昼夜,充分吸水后再行栽植或假植。

石榴苗木的栽植,分带干栽和平茬苗栽。平茬苗及留干5~10厘米栽植,由于截掉枝干,减少了蒸腾,成活率可达98%以上;相比,同样条件带干栽植,成活率低于平茬苗。平茬苗的准备,随起苗随定植的、或提前起苗假植的、或长途运输的都可在起苗后立即进行。

5. 如何确定石榴高产园的密度?

栽植密度的确定要做到既要发挥品种个体的生产潜力,又要有一个良好的群体结构,达到早期丰产、持续高产的目的。合理密植可以充分利用太阳能和经济利用土地,是提高单位面积产量的有效措施。但不论从石榴树生长和经济核算以及光能利用上都应有个合理密度的范围。

(1)**不同肥力条件的密度** 不同肥力条件对石榴树个体发育影响较大,如土层深厚、肥沃的土地,个体发育良好,树势强,树冠大,种植密度宜小;反之种植密度应大些。不同肥力条件的密度见表 5-2。

表 5-2　不同肥力条件参考种植密度

肥　力	行株距 （米×米）	单株营养面积 （平方米）	密　度 （株/667 米²）
上等肥力	4×3	12	55
	5×4	20	33
中等肥力	4×2.5	10	66
	4×2	8	83
旱薄地	3×2	6	111
	3.5×2	7	95

(2)不同立地条件的种植密度

①果、粮间作园　以粮食生产、防风固沙及水土保持为主要目的,株距一般为 2~3 米、行距 20~30 米,丘陵山地梯田依坡地具体情况而定。这种间作形式因果树分散,管理粗放,产量较低,多以沙区防风林带主林带间的副林带出现。

②庭院和"四旁"栽植　果用和观赏兼有,密度灵活掌握。

(3)合理密植方式　根据定植密度的步骤,分为永久性密植和计划性密植两种。

①永久性密植　根据气候、土壤肥力、管理水平与品种特性和生产潜力等情况,一步到位,定植时就将密度确定下来,中途不再变动。这种密植方法因考虑到后期树冠大小、郁蔽程度,故密度不宜过大。由于前期树小、单位面积产量较低,但用苗量少、成本较低、且省工省时,低龄期树行间还可间种其他低秆作物。

②计划密植　分两步到三步达到永久密植株数,解决了早期丰产性差的问题。按对加密株(干)的处理方式可分间伐型和间移型两种。

间伐型:指在高密度定植后田间出现郁蔽时,有计划地去除多余主干,使其成为规范的单干密植园。在管理上,一株树选留一主干培养成永久干。对永久干以外的主干,采用拉、压、造伤等措施,控长促花,促使早期结果。当与永久主干相矛盾时,适当回缩逐步疏除。

间移型:指在定植时有计划地在株间或行间增加栽植株数,分临时株(行)和永久株(行)。如建立一个株行距为 2 米×3 米的单干密植园,计划成龄树株行距 4 米×3 米。对确定的永久株(行)和临时株(行)管理上应有所区别。对临时株在保证树体生长健壮的基础上,多采取保花保果措施,使其早结果,以弥补幼园在早期的低产缺陷;对永久株,早期注意培养牢固的骨架和良好的树形,适时促花保果。当临时株与永久株生长矛盾时,视程度对其枝条进行适当回缩,让永久株逐步占据空间,渐次缩小至取消临时株。利用石榴树大树移栽易活的特点,待其在生长中的作用充分发挥后可将临时株间移出去(图 5-4)。

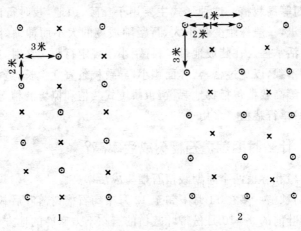

图 5-4 石榴园计划密植栽培设计示意

1. 临时株型　　2. 临时行型

⊙永久株　×临时株

无论哪种计划密植栽培形式,定植后的管理都应严格区分永久株、临时株的栽培措施和目的,中途不要随意变更,以发挥其最大效益。

6. 石榴高产园的栽植方式有几种?

国内石榴产区有长方形、三角形、等高式等栽植方式,可根据田块大小、地形地势、间作套种、田间管理、机械化操作等方面综合考虑选用,原则是既有利于通风透光、促进个体发育,又有利于密植、早产丰产。目前采用较多的有以下 3 种方式。

(1)**长方形栽植** 这种方式多用在平原农田,有利通风透光,便于管理,适于间作和耕作管理,合乎石榴树生理要求,故此石榴树生长快、发育好、产量高。据研究,石榴树栽植行向对产量有影响,南北行向更利于接受光照,优于东西行向。具体到一定地区,在考虑利于接受光照的同时,行向应和当地主风向平行。

(2)**等高栽植** 这种形式主要用于丘陵、山地,栽时行向沿等高线前进,一般株距变化不大,行距随坡度的大小而伸缩,随地形变化灵活掌握。在陡坡地带,当行距小于规定行距 1/2 时,则可隔去一段不栽,以免过密,营养面积小,导致枝条直立生长,造成结果不良。等高栽植包括梯地栽植、鱼鳞坑式栽植和撩壕栽植等方式。

(3)**单行栽植** 多用于"四旁"。

7. 什么时期栽植石榴树成活率高?

秋植和春植两个时期栽植石榴树成活率高。

(1)**秋植** 多在 11 月下旬至 12 月中旬石榴树落叶后栽植,也有在落叶前的 9~10 月份带叶栽植的。在不太寒冷的地方秋栽成活率高,但冬季一定要落实防寒保护措施,主要分直立埋干法和匍匐埋干法。埋干高度:直立埋干法为苗高的 2/3,匍匐埋干以埋严枝干为宜。埋土时间应在当地早寒流到来之前,一般在落叶后期的 11 月中下旬。翌年 3 月上旬进行清土,注意不要伤及苗木。另可采用涂白加缠塑料布条或绑草的办法,防冻效果很好。落叶后的秋栽时间要尽量提前。

(2)**春植** 黄淮地区多在 3 月上中旬至 4 月中旬,一般以土壤解冻后、树苗萌芽前愈早愈好。

8. 如何栽好石榴树?

(1)**挖坑** 栽植坑大小一般 50 厘米×50 厘米×50 厘米,大苗坑适当再大些。坑土一律堆放在行向一侧,表土和心土分开堆放。

(2)**栽植方法** 栽植时实行"三封、两踩、一提苗"的方法。即表土拌入肥料,取一半填入坑内,培成丘状,将苗放入坑内,使根系均匀分布在土丘上;然后将另一半掺肥表土培于根系附近,轻提一下苗后踩实使根系与土壤密接;上部用心土拌入肥料继续填入,并再次踩实。填土接近地表时,使根茎高于地面 5 厘米左右,在苗木四周培土埂做成水盘。栽好后立即充分灌水,待水渗下后苗木自然随土下沉,然后覆土保湿。最后要求苗木根茎与地面相齐,埋土过深或过浅都不利于石榴苗的成活生长。

9. 怎样提高石榴树的栽植成活率?

(1)**水的管理** 定植后提高成活率水分是关键。定植后无论土壤墒情好差,都必须浇透水。此后因春季干旱少雨,必须勤浇水,经常保持土壤湿润。栽后在树干周围铺农用薄膜,既可保湿又可增温,是提高成活率的有效措施。

(2)**肥料管理** 定植当年,以提高成活率为主要目的,施肥可随机进行。如果定植前穴内施入足量农家肥,可不追肥;如果定植时树穴内没施或施肥量较少,成活后于 7 月份适量少施速效氮、磷肥或施用肥效较快的人、畜粪肥。

10. 如何进行石榴树的高接改良?

嫁接是使劣质品种改接为优良品种的主要措施,通过嫁接可以加快品种的更新速度。在石榴嫁接改良中,常用的有丁字芽接法和小径劈接法。

(1)"丁"字芽接法 具有节省接穗、技术简便、成活率高的优点。

芽接时间在7~8月份,选择生长粗壮、无病虫害的植株作砧木,在所需的树上采集1年生发育良好的枝条为接芽穗。嫁接时,在砧木2年生枝光滑无疤处用芽接刀先刻一横弧,再从横弧中间向下纵切一刀、长约2厘米,深达木质部,用刀尖将两边皮层剥开一点,以便插芽。再从接穗上切取带一个芽的长约2厘米的芽片迅速贴入砧木切口,然后用尼龙绳等捆绑材料将芽片缠紧系好,露留芽苞,则完成了芽接的全部工序(图5-5)。品种改良和观赏树种,一株树上可以嫁接多个芽或多个品种。石榴树皮层薄,单宁含量高,影响嫁接成活率。因此在嫁接操作中,动作要快捷,使切口和芽片在空气中暴露时间最短,以提高成活率。嫁接后5天扭梢,10天解绳剪梢,成活的接芽即萌发生长。成龄树的改接,可到翌年2月末3月初解除捆绑的尼龙绳并于接芽上方3~5厘米处剪去上部枝条,使接芽萌生形成新的树冠。接芽成活后要注意及时抹除非接芽和病虫害的防治,保证接芽健壮生长。

图5-5 "丁"字芽接示意

1. 切芽 2. 芽片
3. 嵌芽 4. 用尼龙绳捆绑

(2)小径劈接 具有操作简单、成活率高、可以迅速恢复产量等优点。嫁接时间为接穗发芽前的 3 月下旬至 4 月上旬,被改接的砧木可以发芽,但接穗不能发芽。南方可以适当提前,北方时间推迟。操作要点如下。

①接穗采集保存 在冬季较寒冷地区或用抗寒性较差的品种作接穗时,要在落叶后、寒冬到来前采集接穗,于背阴处挖坑、原枝打捆沙藏,保证存放后的接穗生活力正常。从接穗的横断面看,皮部为灰绿色,木质部为淡黄色,髓心为绿白色。南方可以在春季随采随用。

②削制接穗 剪取 4～6 厘米长、有 2～3 芽节、粗度 0.4～0.55 厘米的枝条作接穗,用锋利的刨刀将接穗下端削成长 2～3 厘米、一边稍厚一边稍薄的斜面。也可提前 1 小时左右,将接穗削好,浸在 0.3％蔗糖水溶液中,用时根据砧枝粗细捡出适宜粗度的接穗用之。

③砧枝剪切 选择健壮、无病虫害的枝条作砧枝,在直径 1.5～2 厘米处比较光直的地方截枝,要求剪口光齐。然后用整形剪在砧枝横断面正中间,上下垂直剪切 2～3 厘米长的切口。

④砧穗对接 将削好的接穗插入砧枝的切口中,要求接穗削面(斜面)稍厚的一边与砧枝切口一边的形成层对齐插紧,接穗削面外露约 3 毫米,以利愈合。

⑤绑缚砧穗 用拉力较强的尼龙绳,将砧枝切口以下部分缠严系紧。然后用厚 0.005～0.006 毫米、宽 3～5 厘米、长 40～50 厘米的农用薄膜,从砧枝切口的下段往上缠,直至将接穗缠严。薄膜条缠绕接穗部分时,只能缠一层。整个嫁接过程,要做到"稳、准、快"。

⑥接后管理 在接后 28 天即可确认接穗是否成活。接芽不能破膜时,用针锥将芽上的薄膜挑破,助芽破膜。接后 45 天,用利刀将捆绑砧穗接口的薄膜与尼龙绳一并划开去除干净。当接芽抽生的新枝长至 30～40 厘米长时,需绑缚 100～150 厘米长的防护杆,分期分段与抽生的接穗新枝绑缚在一起,以免风折。在生长期

间要及时抹除非接芽萌条。

⑦**注意事项**　在平原地区对幼树进行高接时,接位以 100 厘米以上为宜。被改接树要健壮,无病虫害,砧枝要适量。一般 3～5 年生树,改接的砧枝以 15～20 个为宜;10 年生左右的成龄树,改接的砧枝以 30～40 个为宜。嫁接成活后要加强肥水管理及病虫害防治。

六、提高石榴商品性生产水平
的整形修剪技术

1. 石榴树与修剪有关的生长特点主要有哪些?

(1)**树势平缓,枝条紧凑** 石榴树为落叶灌木或小乔木,属于多枝树种。树势生长平缓,自然生长的石榴树树形有近圆形、椭圆形、纺锤形等。冠内枝条繁多,交错互生,抱头生长,没有明显的主侧枝之分,扩冠速度慢,内膛枝衰老快、易枯死。基部蘗生苗能力强,冠内易抽生生长旺盛的徒长枝。蘗生苗和徒长枝不利的是易扰乱树形、无谓消耗树体营养,有利的是老树易于更新。

(2)**萌芽率高,成枝力强** 1年生枝条上的芽在春天几乎都能萌发,一般在枝条中部的芽生长速度较快,1年往往有2次、3次枝芽萌发生长。而枝条上部和下部的芽生长速度较慢,1年一般只有1次生长。

(3)**顶端优势不明显,不易形成主干** 石榴枝条顶端生长优势不明显。顶芽1年一般只有春季生长。春季生长停止后一部分顶芽停止生长,少部分顶端形成花蕾。夏、秋梢生长只在一部分徒长枝上进行。石榴主干不明显,扩冠主要靠侧芽生长完成。

2. 石榴树枝条种类与修剪有关的生物学特性有哪些?

(1)**主干、主枝和侧枝** 地上部分从根茎到树冠分枝处的部分叫主干。石榴属于小乔木或灌木树种,单干树主干明显,只有一个主干,大部分植株呈多主干丛生,主干不明显。着生于主干上的大枝叫主枝,着生于主枝上的枝叫侧枝。主干、主枝和侧枝,构成树冠骨架,在树冠中分别起着承上启下的作用。主枝着生于主干,侧枝着生于主枝,结果枝、结果枝组着生于各个侧枝或主枝上。修剪时必须明确保持其间的从属关系。

(2)结果枝组、结果母枝和结果枝

①结果枝组　在骨干枝上生长的各类结果母枝、结果枝、营养枝、中间枝的单位枝群称结果枝组。石榴要想获得优质大果,必须培养好发育健壮、数量充足的结果枝组。

②结果母枝　即生长缓慢、组织充实、有机物质积累丰富,顶芽或侧芽易形成混合芽的基枝。混合芽于当年或翌年春季抽生结果枝结果。

③结果枝　能直接开花结果的 1 年生枝叫结果枝。石榴结果枝是由结果母枝的混合芽抽生一段新梢,再于其顶端开花结果,属1 年生结果枝类型,按其长度可分为长、中、短 3 种。

长结果枝:长度在 20 厘米以上,具有 5～7 对叶、1～9 朵花的结果枝。长结果枝开花最晚,多于 6 月中下旬开花。由于数量少,所以结果不多。

中结果枝:长度在 5～20 厘米,具有 3～4 对叶、1～5 朵花的结果枝。多于 6 月上中旬开花,其中退化花多,结果能力一般,但数量较多,仍为重要结果枝类。

短结果枝:长度在 5 厘米以下,具有 1～2 对叶,着生 1～3 朵花的结果枝。多于 5 月中下旬开花,正常花多,结果牢靠,是主要结果枝类。

(3)萌蘖枝　由根际不定芽或枝干隐芽萌发形成的枝叫萌蘖枝。根际萌蘖枝大量消耗树体营养,扰乱树形结构,影响管理,修剪时应予疏除或挖掉。

3. 石榴树如何运用好修剪技术?

(1)疏剪　疏剪包括冬季疏剪和夏季疏剪,方法是将枝条从基部剪除。疏剪的结果,减少了树冠分枝数,具有增强通风透光、提高光合效能、促进开花结果和提高果实质量的作用。较重疏剪能削弱全树或局部枝条生长量,但疏剪果枝反而有加强全树或局部生长量的作用。这是因为果实少了,消耗的营养也就少了,营养更有利于供应根系和新梢生长,使生长和结果同时进行,达到年年结果的目的。生产中常用疏剪来控制过旺生长,疏除强旺枝、徒长枝、下垂枝、交叉枝、并生枝、外围密挤枝。利用疏剪疏去衰老枝、干枯枝、病枝、虫枝等,还有减少养分消耗、集中养分促进树体生长,增强树势的作用。

(2)**短截** 短截又叫短剪,即把1年生枝条或单个枝剪去一部分。原则是"强枝短留,弱枝长留"。分为轻剪(剪去枝条的1/4～1/3)、中剪(剪去枝条的2/5～1/2)、重剪(剪去枝条的2/3)、极重剪(剪去枝条的3/4～4/5)。极重剪对枝条刺激最重,剪后一般只发1～2个不太强的枝。短截具有增强和改变顶端优势部位的作用,有利于枝组的更新复壮和调节主枝间的平衡关系,能够增强生长势,降低生长量,增加功能枝叶数量,促进新梢和树体营养生长。由于光合产物积累减少,因而不利于花芽形成和结果。短截在石榴修剪中用得较少,只是在老弱树更新复壮和幼树整形时采用。

(3)**缩剪** 缩剪又叫回缩。即将多年生枝短截到适当的分枝处。由于缩剪后根系暂时未动,所留枝芽获得的营养、水分较多,因而具有促进生长势的明显效果,利于更新复壮树势,促进花芽分化和开花结果。对于全树,由于缩剪去掉了大量生长点和叶面积,光合产物总量下降,根系受到抑制而衰弱,使整体生长量降低。因此,每年对全树或枝组的缩剪程度,要依树势树龄及枝条多少而定,做到逐年回缩,交替更新,使结果枝组紧靠骨干、结果牢固;使衰弱枝得到复壮、提高花芽质量和结果数量。每年缩剪时,只要回缩程度适当,留果适宜,一般不会发生长势过旺或过弱现象。

(4)**长放** 长放又叫缓放或甩放。即对1、2年生枝不加修剪。

长放具有缓和先端优势和增加短枝、叶丛枝数量的作用,对于缓和营养生长增加枝芽内有机营养积累、促进花芽形成增加正常花数量、促使幼树提早结果有良好的作用。长放要根据树势、枝势强弱进行,对于长势过旺的植株要全树缓放。由于石榴枝多直立生长,为了解决缓放后造成光照不良的弊端,要结合开张主枝角度、疏除无用过密枝条和撑、拉、坠等措施,改变长放枝生长方向。

(5)造伤调节 对旺树旺枝采用环割、环剥、刻伤和拿枝软化等措施制造伤口,使枝干木质部、韧皮部暂时受伤,在伤口愈合前起到抑制过旺的营养生长、缓和树势、枝势、促进花芽形成和提高产量的作用叫造伤调节。

①环割、环剥、刻伤 用刀在枝干上环切一圈至数圈,切口深及木质部而不伤及木质部为环割。用刀环切两圈,并把其间的树皮剥去称为环剥。环剥口的宽度,一般为被剥枝直径的 1/12～1/8。环剥后要将剥离的树皮颠倒其上下位置,随即嵌入原剥离处,并涂药防病和包扎使其不脱落,在干燥地区有保护伤口的作用。刻伤是环枝干基部用刀纵切深及木质部,刻伤长 5～10 厘米,伤口间距 1～2 厘米。

②扭梢(枝)、拿枝(梢) 扭梢就是将旺梢向下扭曲或将基部旋转扭伤,既扭伤木质部和皮层,又改变枝梢方向。拿枝就是用手对旺梢自基部到顶部捋一捋,使之响而不折,伤及木质部。

造伤的时间因目的不同而异。春季发芽前进行可促使旺树、旺枝向生殖生长转化,削弱营养生长,枝梢减缓生长,花芽分化前进行可增加花芽分化率,开花前进行可提高坐果率,果实速生期前进行可促使果实膨大、提早成熟。一般造伤伤口越大,造伤效果越明显。但以不使枝条削弱太重,而且伤口能适时愈合为造伤原则。

(6)调整角度 对角度小、长势偏旺、光照差的大枝和可利用的旺枝、壮枝,采用撑、拉、曲、坠等方法,改变枝条原生长方向,使直立姿势变为斜生、水平状态,以缓和营养生长和枝条顶端优势,扩大树冠,改善树冠内膛光照条件,充分利用空间和光能,增加枝内碳水化合物积累,促使正常花的形成。

(7)抹芽、除萌 抹芽是生长季节的疏枝。主要是抹去主干、主枝上的剪、锯口及其他部位无用的萌枝和挖除剪掉主干根际萌蘖。抹芽、除萌蘖可以改变树冠内光照条件,减少营养、水分的无效消耗,有利于树形形成和促进成花结果。以春、夏季抹芽挖根蘖,夏、秋季剪萌枝效果最好。

4. 石榴树什么时期修剪好?

(1)冬季修剪 冬季修剪在落叶后至萌芽前休眠期间进行。北方冬季寒冷,易出现冻害。以春季芽萌动前进行修剪较安全。冬季修剪以培养、调整树体结构,选配各级骨干枝,调整安排各类结果母枝为主要任务。冬季修剪在无叶条件下进行,不会影响当时的光合作用,但影响根系输送营养物质和激素量。疏剪和短截,都不同程度地减少了全树的枝条和芽量,使养分集中保留于枝和芽内,打破了地上枝干与地下根的平衡,从而充实了根系、枝干、枝条和芽体。由于冬季管理不动根系,所以增大了根冠比,具有促进地上部生长的作用。

(2)夏季修剪 主要用来弥补冬季修剪的不足,于开花后期至采收前的生长季节进行的修剪。夏季修剪正处于石榴旺盛生长阶段(6~7月份)和营养物质转化时期,前期生长依靠贮藏营养,后期依靠新叶制造营养。利用夏季修剪,采取抹芽、除萌蘖、疏除旺密枝,撑、拉、压开张骨干枝角度、改变枝向,环割、环剥等措施,促使树冠迅速扩大,加快树体形成,缓和树势,改善光照条件,提早结果,减少营养消耗,提高光合效率。夏季修剪只宜在生长健壮的旺树、幼树上适期、适量进行,同时要加强综合管理措施,才能收到早期丰产和高产、优质的理想效果。

5. 石榴树的丰产树形和树体结构有几种?

石榴树的栽培树形主要有单干形、双干形、三干形和多干半圆形4种。

(1)单干形 每株只留1个主干,干高33厘米左右。在中心主干上按方位分层留3~5个主枝,主枝与中心主干夹角为45°~50°,主枝与中心主干上直接着生结果母枝和结果枝(图6-1)。这种树形枝级数少,层次明显,通风透光好,适合密植栽培。但枝量少,后期更新难度较大。

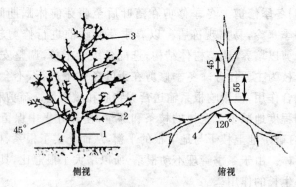

侧视　　　　　　　　俯视

图6-1 单干树形结构示意 (单位:厘米)
1. 主干 2. 主枝 3. 结果枝组 4. 夹角

(2)双干形 每株留2个主干,干高33厘米。每主干上按方位分层各留3~5个主枝,主枝与主干夹角为45°~50°,2个主干间夹角为90°(图6-2)。这种树形枝量较单干形多,通风透光好,适宜密植栽培,后期能分年度更新复壮。

(3)三干形 每株留3个主干,每个主干上按方位留3~5个主枝,主枝与主干夹角为45°~50°(图6-3)。这种树形枝量多于单干和双干树形,少于丛干形,光照条件较好,适合密植栽培,后期易分年度更新复壮树体。

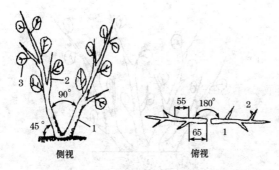

图6-2 双干形树形结构示意 （单位：厘米）

1. 主干　2. 主枝　3. 结果枝组

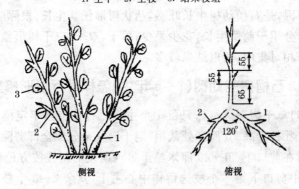

图6-3 三干形树形结构示意 （单位：厘米）

1. 主干　2. 主枝　3. 结果枝组

（4）多干半圆形（自然丛状半圆形） 该树形多在石榴树处于自然生长状态、管理粗放的条件下形成。其树体结构，每丛主干5个左右，每个主干上直接着生侧枝和结果母枝（图6-4），形成自然半圆形。这种树形的优点是老树易更新，逐年更新不影响产量。缺点是干多枝多，树冠内部郁蔽，通风透光不良，内膛易光秃，结果部位外移。有干多枝多不多结果的说法，加强修剪后也可获得较好的经济效益。

据不同树形修剪试验，修剪后的3种树形均优于丛干形。分

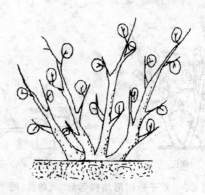

图6-4   多干半圆树形结构示意

析其原因,是石榴幼树生长旺盛,<u>丛状树形任其生长,根际萌蘖多,</u>大量养分用于萌蘖生长,花少果少;单干、双干、三干树形整形修剪后养分相对集中,所以结果较多。

6. 石榴树的幼树(1～5 年生)怎样进行整形修剪?

(1)**单干树形**   每株只留 1 个主干。石榴苗当年定植后选一个直立壮枝于高 70 厘米处截梢"定干",其余分蘖全部剪除。当年冬剪时在剪口下 30～40 厘米整形带内萌发的新枝按方位留 3～4 个,其中剪口下第一个枝选留作中心主干,其余 2～3 个枝作为主枝,与中心主干夹角 45°～50°,其余枝条全部疏除。干高 33 厘米左右。选留作中心主干的枝在上部 50～60 厘米处再次剪截。第二年冬剪时将第二次剪口下第一个枝选留作中心主干,以下再选留 2～3 个枝作第二层主枝。第三、四年在整形修剪的过程中,除了保持中心主干和各级主侧枝的生长势外,要多疏旺枝,留中庸结果母枝;根际处的萌蘖,结合夏季抹芽、冬季修剪一律疏除。通过上述过程后树形基本完成(图 6-5)。

(2)**双干树形**   每株选留 2 个主干。石榴苗定植后选留 2 个壮枝分别于 70 厘米处截梢"定干",其余枝条一律疏除。第二、三、

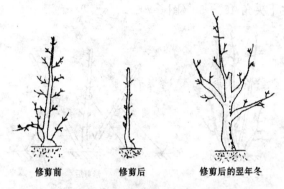

修剪前　　　　修剪后　　　　修剪后的翌年冬

图 6-5　单干树形幼树整形示意

四年的整形修剪方法,分别同单干形,每个干上按方位角180°选留两层主枝4～5个。2个主干之间要留中、小枝,成形干高33厘米左右,主干与地面夹角50°左右,主枝与中心主干夹角45°左右(图 6-6)。

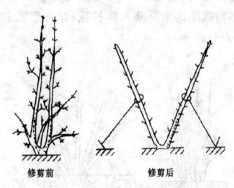

修剪前　　　　　　修剪后

图 6-6　双干树形整形示意

　(3)**三干树形**　每株选留3个主干。石榴苗定植后选3个壮枝分别于70厘米处截梢"定干",以后的整形修剪方法均同单干形。每干上按方位角选留两层主枝4～5个,3个主干之间内膛多留中、小型枝组,成形干高33厘米,主干与地面夹角50°左右,主枝与中心主干夹角 45°～50°(图 6-7)。

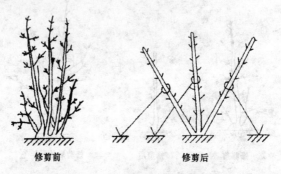

修剪前　　　　　　　　　修剪后

图 6-7　三干树形整形示意

(4)丛状树形　　石榴树多为扦插繁殖,一株苗木就有 3～4 个分枝。定植成活后任其自然生长,常自根际再萌生大量萌枝(多达 20 条以上)。在 1～5 年的生长过程中,第一年任其生长,在当年冬季或翌年春季修剪,选留 5～6 个健壮分蘖枝作主干,其余全部疏除。以后冬剪疏除再生分蘖和徒长枝,即可形成多主干丛状半圆形树冠(图 6-8)。

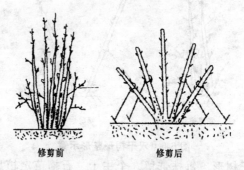

修剪前　　　　　　　修剪后

图 6-8　丛状树形幼树整形示意

7. 盛果期(5 年生以上)的石榴树怎样进行整形修剪?

石榴树 5 年生以后逐渐进入结果盛期,树体整形基本完成,树冠趋于稳定,生长发育平衡,大量结果。修剪的主要任务是除去多余的旺枝、徒长枝,过密的内向枝、下垂枝、交叉枝、病虫枝、枯死枝、瘦弱枝等。树冠呈下密上稀,外密内稀,小枝密大枝稀的"三密三稀"状态,内部不空、风光通透,养分集中,以利多形成正常花,多结果、结好果。

石榴的短枝多为结果母枝,对这类枝应注意保留,一般不进行短截修剪。在修剪时除对少数徒长枝和过旺发育枝用作扩大树冠实行少量短截外,一般均以疏剪为主。

8. 衰老期的石榴树怎样进行整形修剪?

石榴树进入盛果期后随着树龄的增长,结果母枝老化,枯死枝逐渐增多。特别是 50~60 年生树,树冠下部和内膛光秃,结果部位外移,产量大大下降。结果母枝瘦小细弱,老干糟空,上部焦梢。此期除增施肥水和加强病虫害防治外,每年应进行更新改造修剪。其方法如下。

(1)缩剪衰老的主侧枝 在萌蘖旺枝或主干上发出的徒长枝中选留 2~3 个,有计划地逐步培养为新的主侧枝和结果母枝,延长结果年限。

(2)一次进行更新改造 第一年冬将全株的衰老主干从地上部锯除;第二年生长季节根际会萌生出大量根蘖枝条,冬剪时从所有的枝条中选出 4~5 个壮枝作新株主干,其余全部疏除;第三年在加强肥水管理和防病治虫的基础上,短枝可形成结果母枝和花芽,第四年即可开花结果。

(3)逐年进行更新改造 适宜于自然丛干形。主干一般多达 5~8 个。第一年冬季可从地面锯除 1~2 个主干;第二年生长季节可萌生出数个萌蘖条,冬季在萌生的根蘖中选留 2~3 个壮条作新干,余下全部疏除,同时再锯除 1~2 个老干;第三年生长季节从第二年更新处又萌生数个蘖条,冬季再选留 2~3 个壮条留作新干,余者疏除。第一年选留的 2～3 个新干上的短枝已可形成花芽。第三年冬再锯除 1～2 个老干,第四年生长季节又从更新处萌生数个萌蘖条,冬季选留 2～3 个萌条作新干。第一年更新后的短枝已开花结果,第二年更新枝已形成花芽。这样更新改造衰老石榴园,分年分次进行,既不绝产,4 年又可更新复壮,恢复果园生机。

七、提高石榴商品性生产水平的土壤管理技术

1. 石榴树为什么要进行逐年扩穴和深翻改土？如何进行？

土壤是石榴树生长的基础，根系吸收营养物质和水分都是通过土壤来进行的。土层的厚薄、土壤质地的好坏和肥力的高低，都直接影响着石榴树的生长发育。重视土壤改良，创造一个深、松、肥的土壤环境，是早果、丰产、稳产和优质的基本条件。

(1)扩穴　在幼树定植后几年内，随着树冠的扩大和根系的延伸，在定植穴石榴树根际外围进行深耕扩穴，挖深20～30厘米、宽40厘米的环形深翻带；树冠下根群区内，也要适度深翻、熟化。

(2)深翻　成年树果园一般土壤坚实板结，根系已布满全园。为避免伤断大根及伤根过多，可在树冠外围进行条沟状或放射状沟深耕，也可采用隔株或隔行深耕，分年进行。

扩穴和深翻时间一般在石榴树落叶后、天气封冻前结合施基肥进行。其作用有四：第一，改善土壤理化性，提高其肥力；第二，翻出越冬害虫，以便被鸟类吃掉或在空气中冻死，降低害虫越冬基数，减轻翌年虫害；第三，铲除浮根，促使根系下扎，提高植株的抗逆能力；第四，石榴树根蘖较多，消耗大量的水分养分，结合扩穴，修剪掉根蘖，使养分集中供应树体生长。

2. 石榴树如何进行果园间作？

幼龄树果园株行间空隙地多，合理间种作物可以提高土地利用率，增加收益，以园养园。成年树果园种植覆盖作物或种植绿肥

也属果园间作,但目的在于增加土壤有机质,提高土壤肥力。

果园间作的根本出发点,在考虑提高土地利用率的同时,要注意有利于果树的生长和早期丰产,且有利于提高土壤肥力。切莫"喧宾夺主",只顾间作,不顾石榴树的死活。

石榴园可间种蔬菜、花生、豆科作物、薯类、禾谷类、中药材、绿肥、花卉等低秆作物。

石榴园不可间种高粱、玉米等高秆作物,以及瓜类或其他藤本等攀缘植物;同时间种的作物不能有与石榴树相同的病虫害或中间寄主。长期连作易造成某种作物病原菌在土壤中积存过多,对石榴树和间种作物生长发育均为不利,故宜实行轮作和换茬。

总之,因地制宜地选择优良间种作物和加强果、粮的管理,是获得果粮双丰收的重要条件之一。一般山地、丘陵、黄土坡地等土壤瘠薄的果园,可间作如谷子、麦类、豆类、薯类、绿肥作物等耐旱、耐瘠薄等适应性强的作物;平原沙地果园,可间作花生、薯类、麦类、绿肥等;城市郊区平地果园,一般土层厚,土质肥沃,肥水条件较好,除间作粮油作物外,可间作菜类和药类植物。间作形式1年一茬或1年两茬均可。为缓和间种作物与石榴树的肥水矛盾,树行上应留出1米宽不间作的营养带。

3. 石榴树如何进行中耕除草和应用除草剂?

(1)中耕除草 这是石榴园管理中一项经常性的工作。目的在于防止和减少在石榴树生长期间杂草与果树竞争养分与水分,同时减少土壤水分蒸发、疏松土壤,改善土壤通气状况,促进土壤微生物活动,有利于难溶状态养分的分解,提高土壤肥力。在雨后或灌水后进行中耕,可防止土壤板结,增强蓄水、保水能力。因而在生长期要做到"有草必锄,雨后必锄,灌水后必锄"。

中耕除草的次数应根据气候、土壤和杂草多少而定,一般全年可进行4~8次。有间种作物的,结合间种作物的管理进行。中耕深度以 6～10 厘米为宜,以除去杂草、切断土壤毛细管为度。树盘内的土壤应经常保持疏松无草状态,但可进行覆盖。树盘土壤只宜浅耕,过深易伤根系,对石榴树生长不利。

(2)科学合理应用除草剂 可根据石榴园杂草种类使用除草剂,以消灭杂草。化学除草剂的种类很多、性能各异,根据其对植物作用的方式,可分为灭生性除草剂和选择性除草剂。灭生性除草剂(如五氯酚钠、百草枯等)对所有植物都有毒性,石榴园禁用。选择性除草剂是在一定剂量范围内,对一定类型或种属的植物有毒性,而对另一些类型或种属的植物无毒性或毒性很低。所以使用除草剂前,必须首先了解除草剂的性能、使用方法,并根据石榴园杂草种类对除草剂的敏感程度及忍耐性等决定使用除草剂的种类、浓度和用药量。常用的除草剂有以下几种。

扑草净:杀草范围广,对双子叶杂草杀伤力大于单子叶杂草。可在杂草萌发时或中耕后每 667 平方米用量 100～150 克,或喷施400 倍液,有效期 30～45 天。

利谷隆:杀草范围广,杀伤力强。对马齿苋、铁苋菜、绿苋、蒺藜、牵牛花等防效达 100％。每 667 平方米用量 60～200 克,对水喷洒。

茅草枯:防除禾本科杂草。杂草幼小时使用效果最佳。每667 平方米用量 200～500 克,有效期 30～60 天。

灭草灵:园地莎草用 25％灭草灵防除。每 667 平方米用量1.2～1.5 千克,拌土撒施。

上面介绍的是在无间种作物石榴园使用几种除草剂的方法。如有间种作物,要根据间种作物种类,保证在不影响石榴树正常生长的情况下,决定使用除草剂种类、时间、方法。目前有很多新品种除草剂,可选择使用。

无公害石榴果园禁止使用除草醚和草枯醚,这两种除草剂毒性残效期长,有残留。

4. 石榴树如何进行园地覆盖? 有哪些好处?

(1)树盘覆膜 早春土壤解冻后灌水,然后覆膜,以促进地下根系及早活动。其操作方法为:以树干为中心做成内低外高的漏斗状,要求土面平整,覆盖普通的农用薄膜,使膜、土密结,中间留一孔,并用土将孔盖住,以便渗水。最后将薄膜四周用土埋住,以防被风刮跑。树盘覆盖大小与树冠径相同。

覆盖地膜能减少土壤水分散失,提高土壤含水率,又提高了土壤温度,使石榴树地下活动提早,相应的地上活动也提早。地膜覆盖特别在干旱地区对树体生长的影响效果更显著。

(2)园地覆草 在春季石榴树发芽前,要求树下浅耕1次,然后覆草10~15厘米厚。低龄树因考虑作物间作,一般采用树盘覆盖;而对成龄树果园,已不适宜间种作物,此时由于树体增大,坐果量增加,耗损大量养分,需要培肥地力,故一般采用全园覆盖,以后每年续铺,保持覆草厚度。适宜作覆盖材料的种类有厩肥、落叶、作物秸秆、锯末、杂草、河泥,或其他土杂肥混合而成的熟性肥料等。原则是就地取材,因地而异。

石榴园连年覆草有多重效益。一是覆盖物腐烂后表层土壤腐殖质增厚,有机质含量以及速效氮、速效磷量增加,明显地培肥了土壤;二是平衡土壤含水量,增加土壤持水功能,防止地表径流,减少蒸发,保墒抗旱;三是调节土壤温度,4月中旬0~20厘米土层温度覆草比不覆草平均低0.5℃左右,而冬季最冷的1月份平均温度高0.6℃左右,夏季有利于根系正常生长,冬、春季可延长根系活动时间;四是增加根量,促进树势健壮,其覆草的最终效应是果树产量的提高。

石榴园覆草效应明显,但要注意防治鼠害。老鼠主要为害石榴根系。据调查,遭鼠害严重的有4种果园:杂草丛生荒芜果园,坟地果园,冬、春季窝棚和房屋不住人的周围果园,地势较高果园。

其防治办法有:消灭草荒,树干周围 0.5 米范围内不覆草,撒鼠药毒害,保护天敌蛇、猫头鹰等。

(3)干基培土 对山地丘陵等土壤瘠薄的石榴园,培土增厚了土层,防止根系裸露,提高了土壤的保水、保肥和抗旱性,增加了可供树体生长所需养分的能力。在我国黄河流域及其以北地区,培土可提高树体的抗寒能力,降低冰冻危害。培土一般在石榴树落叶后结合冬剪和土、肥管理进行,培土高度 30~80 厘米。因石榴树基部易产生根蘖,培土有利于根蘖的发生和生长,春暖时及时清除培土,并在生长季节及时除萌。

八、提高石榴商品性生产水平 的施肥及灌水技术

1. 石榴树允许和禁止使用的肥料种类有哪些?

(1)农家肥 凡属动物性和植物性的有机物统称为农家肥,也称有机肥料。如腐植酸类肥料、人畜粪尿、饼肥、厩肥、堆肥、垃圾、杂草、绿肥、作物秸秆、枯叶、骨粉和屠宰场、糖厂的下脚料等。有机肥养分全面,不但含有石榴树生长发育所必需的氮、磷、钾等大量元素,而且还含有微生物群落和大量有机物及其降解产物如维生素、生物物质以及多种营养成分和微量元素。大多数有机肥料都是通过微生物的缓慢分解作用释放养分,所以在整个生长期均可以持续不断地发挥肥效,来满足石榴不同生长发育阶段和不同器官对养分的需求。是较长时期供给石榴树多种养分的基础肥料,所以又称有机肥是"完全肥料",常作基肥施用。

长期施用有机肥料,能够提高土壤的缓冲性和持水性,增加土壤的团粒结构,促进微生物的活动,改善土壤的理化性质,提高土壤肥力。果树施用有机肥很少发生缺素症,而且只要施用腐熟的有机肥和施用方法得当,果园很少发生某种营养元素过量的危害。

在应用有机肥料时,一定注意应用腐熟的肥料。无论选用何种原料配的有机肥,均需经高温(50℃以上)发酵 7 天以上,消灭病菌、虫卵、杂草种子,去除有害的有机酸和有害气体,使之达到无害化标准。如用沼气发酵,密封贮存期应在 30 天以上。未经腐熟就施用,有伤根的危险,并且易生虫害,对根系不利。如果施用未腐熟的秸秆、垃圾、绿肥等,应加施少量的氮肥(如清粪水或尿素等)以促进腐熟分解。

(2)**绿肥** 凡是以植物的绿色部分耕翻入土中当作绿色肥料使用的均称绿肥,为有机肥料。石榴园利用行间空地栽培绿肥,或利用园外野生植物的鲜嫩茎叶作肥料,是解决果园有机肥料不足,节约投资,培肥果园土壤肥力,进行无公害栽培的重要措施。

成龄树果园的行间,一般不宜再间种作物。如果长期采用"清耕法"管理、即耕后休闲,土壤有机质含量将逐渐减少、肥力下降,同时土壤易受冲刷,不利石榴园水土保持。果园间种绿肥,具有增加土壤有机质、促进微生物活动、改善土壤结构、提高土壤肥力的功效,并达到以园养园的目的。

绿肥作物多数都具有强大的根系,生长迅速、绿色体积大和适应性强等特点,其茎叶含有丰富的有机质,在新鲜的绿肥中有机质含量为 $10\%\sim15\%$。豆科绿肥作物含有氮、磷、钾等多种营养元素,尤以氮素含量更丰富,其全氮含量、全钾含量高于或相当于人粪尿;其根系中的根瘤菌可有效地吸收和固定土壤和空气中的氮素;而根系分泌的有机酸,可使土壤中的难溶性养分分解而被吸收;同时根系发达,深可达 $1\sim2$ 米、甚至 $2\sim4$ 米,可有效地吸收深层养分。果园种植绿肥,因植株覆盖地面有调节温度、减少蒸发、防风固沙、保持水土等多重效应。

绿肥作物种类很多,要因地、因时合理选择。秋播绿肥有苕子、豌豆、蚕豆、紫云英、黄花苜蓿等。春、夏绿肥可种印度豇豆、爬豆、绿豆、田菁、柽麻等,田菁、柽麻因茎秆较高,1 年至少刈割 2次。沙地可种沙打旺等,盐碱地可种苕子、草木樨等。我国北方常见的几种绿肥作物见表 8-1。

表 8-1　石榴园主要间作绿肥及栽培利用

品种	播种量（千克/667米²）	播期（月/旬）	刈割压青期（月/旬）	产草量（千克/667米²）	养分含量（%）			适种区域
					氮(N)	磷(P₂O₅)	钾(K₂O)	
苕子	3～4	8/下至9月上	4/中下	4～5	0.52	0.11	0.35	秦岭、淮河以北盐碱地外
紫云英	1.5～2	8/下至9月上	4/中下	3～4	0.33	0.08	0.23	黄河以南盐碱地外
草木樨	1.5～2	8/下至9月上	4/下	3～4	0.48	0.13	0.44	华南以外。全国大部分非涝区
紫穗槐	2～2.5	春、夏、秋	年割2～3次	2～3	1.32	0.36	0.79	华南以外。全国大部分园外"四旁"栽植
田菁	3～5	春、夏	6/中至9/上	2～3	0.52	0.07	0.15	全国
柽麻	3～4	春、夏	播后50天，年割2～3次	2～3	0.78	0.15	0.30	长城以南广大非严寒区
绿豆	2～3	4/中至6月中	8/中下	1～2	0.60	0.12	0.58	全国
豌豆	4～5	9/中下	5/上	1～2	0.51	0.15	0.52	华南、华北外的广大地区

绿肥利用方法：一是直接翻压在树冠下，压后灌水以利于腐烂。适用于低秆绿肥。二是刈割后异地堆沤，待腐烂后取出施于树下，一般适于高秆绿肥如柽麻等。

（3）微生物肥　微生物肥料的种类很多。如果按其制品中特定的微生物种类可分为细菌肥料(如根瘤菌肥、固氮菌肥)、放射菌肥(如抗生菌类、细黄链霉菌)、真菌类肥(如菌根真菌)等,按其作用机制又可分为根瘤菌类肥料、固氮菌肥料、解磷菌类肥料、解钾菌类肥料等,按其制品中微生物的种类又可分为单纯的微生物肥料和复合微生物肥料。

微生物肥料是活的生物体,有效期限通常为 0.5～1 年,施用方法比化肥、有机肥料要求严格。因此,购买后要尽快施到地里,并且开袋后要一次用完,若未用完要妥善保管,以防止肥料中的细菌传播;主要用作基肥,不宜叶面喷施,不能代替化肥的使用;可以单独施入土壤中,但最好是和有机肥料(如渣土)混合使用,不要和化学肥料混合使用;要施入作物根际正下方,不要离根太远,施后及时盖土,不要让阳光直射到菌肥上。

(4)化肥 又称无机肥料。具有多种类型:一类是由 1 种元素构成的单元素化肥,如尿素;另一类是由 2 种以上元素构成的复合化肥,如磷酸二氢钾等。

化肥的突出优点是养分元素明确,含量高,施用方便,好保存,分解快,易被吸收,肥效快而高,可以及时补充石榴树所需的营养。

化肥也有明显的缺点:长期单独施用或用量过多,易改变土壤的酸碱度,并破坏其结构,易使土壤板结,土壤结构和理化性质变劣,土壤的水、肥、气、热不协调。施用不当,易导致缺素症发生。过量施用,易造成局部浓度过高,从根系和枝叶中倒吸水分,而伤根、叶,导致肥害;被土壤固定或发生流失,造成浪费。

所以,要求石榴园的施肥制度要以有机肥为主,化肥为辅,化肥与有机肥相结合,土壤施肥与叶面喷肥相结合,相互取长补短。使用时要掌握用量,撒施均匀。减少单施化肥给土壤带来的不良影响。

(5)禁止使用的肥料 ①未经无害化处理的城市垃圾或含有金属、橡胶和有害物质的垃圾。②硝态氮肥和未腐熟的人粪尿。

③未获准登记的肥料产品。

2. 各种营养元素及其在石榴树体中的生理作用是什么?

石榴的生长和结果,要从土壤中摄取多种无机营养元素,其中需要量大的有氮、磷、钾3种,称为主要元素。其他还有几种元素,如钙、镁、铁、锌、硼、锰、铜、钼、硫等,吸收的量都很少,称为微量元素,但不能缺乏,果树生长必不可少。

(1)**氮** 氮肥主要促进营养生长。氮素是叶绿素、蛋白质等组织的重要组成部分,用量适当,根系生长良好,枝叶多而健壮,树势强,光合效能提高,增进品质和提高产量,并可提高抗逆性和延缓衰老。

(2)**磷** 磷是蛋白质的重要成分,能增强果树的生命力,促进花芽分化,提高坐果率,增大果实体积和改进品质;有利于种子的形成和发育;可提高根系的吸收能力,促进新根的发生和生长;增强果树抗寒和抗旱能力。

(3)**钾** 可促进养分运转、果实膨大、增加含糖量、提高果实品质和耐贮性,促使新梢加粗生长和组织成熟,增强石榴树抗寒、抗旱,耐高温、抗病虫害等抗逆能力。

(4)**钙** 钙能促进细胞壁的发育,提高树体的抗逆能力。是几种酶的活化剂。有平衡生理活动的功能,影响氮的代谢和营养物质的运输。中和蛋白质分解过程中产生的草酸,减轻土壤中钾、钠、锰、铅等离子的毒害而起到解毒功能,使石榴树正常吸收铵态氮。

(5)**镁** 镁是叶绿素的重要组成成分,又是植物生命活动过程中多种酶的特殊催化剂,可以促进果实膨大,增进品质。

(6)**铁** 铁是叶绿素合成所必需的。并参与光合作用,是许多酶的必要成分。

(7)**硼** 硼可以促进雌蕊受精作用的完成,提高坐果率,增加产量;在果实发育过程中,提高维生素的含量,增进果实品质。促进根系发育良好,增强吸收能力。

(8)**锌** 锌是某些酶的组成成分,如叶绿体中的碳酸脱氢酶。所以锌直接影响光合和呼吸作用,并与生长素吲哚乙酸的形成有关。

(9)**锰** 是形成叶绿素和维持叶绿素结构所必需的元素,也是许多酶的活化剂,在光合作用中有重要功能,并参与呼吸过程。

(10)**铜** 是许多重要酶的组成成分,在光合作用中有重要作用,能促进维生素 A 的形成。

(11)**钼** 是一些酶的成分,在植物体内参加硝酸根还原为铵离子的活动,能促进植物对氮素的利用,并有固氮作用。

(12)**硫** 是蛋白质、辅酶 A 及硫胺素和生物素的重要成分,参与碳水化合物、脂肪和蛋白质的代谢。

各种元素在植物体内的存在有一个合理的比例关系,因某一元素增加或减少,元素间的比例关系失调,都会影响植株对其他元素的正常吸收利用,而影响树体的正常生长。

3. 石榴树什么时期施肥效果好?

适宜的施肥时间,应根据果树的需肥期和肥料的种类及性质综合考虑。石榴树的需肥时期,与根系和新梢生长、开花坐果、果实生长和花芽分化等各个器官在 1 年中的生长发育动态是一致的。几个关键时期供肥的质和量是否能够满足以及是否供应及时,不仅影响当年产量,还会影响翌年产量。

施肥时期还应考虑采用的肥料种类和性质。迟效性肥料应距石榴树需肥期较早施入;容易挥发的速效性肥料或易被土壤固定的肥料,宜距石榴树需肥期较近时施入。

(1)**基肥** 以有机肥为主,是较长时期供给石榴树多种养分的基础性肥料。

基肥的施用时期,分为春施和秋施。春施时间在解冻后到萌芽前;秋施在石榴树落叶前后,即秋末冬初结合秋耕或深翻施入。以秋施效果最好,因此时根系尚未停止生长,断根后易愈合并能产生大量新根,增强了根系的吸收能力,所施肥料可以尽早发挥作用;地上部生长基本停止,有机营养消耗少、积累多,能提高树体贮藏营养水平,增强抗寒能力,有利于树体的安全越冬;能促进翌年春新梢的前期生长,减少败育花比率,提高坐果率。石榴树施基肥工作量较大,但这时相对是农闲季节,便于进行。

(2)**追肥** 又称补肥。是在石榴树年生长期中几个需肥关键时期的施肥,是满足生长发育的需要,是当年壮树、高产、优质及翌年继续丰产的基础。追肥宜用速效性肥,通常用无机化肥或腐熟人畜粪尿及饼肥、微肥等。

追肥包括土壤施肥和叶面喷肥。追肥针对性要强,次数和时期与树势、生长结果情况及气候、土质、树龄等有关。石榴树追肥一般掌握以下 3 个关键时期。

①花前追肥 春季地温较低,基肥分解缓慢,难以满足春季枝叶生长及现蕾开花所需大量养分,需以追肥方式补给。此次追肥(沿黄地区 4 月下旬至 5 月上旬)以速效氮肥为主,辅以磷肥。追肥后可促使营养生长及花芽萌芽整齐,增加完全花比例,减少落花,提高坐果率,特别对提高早期花坐果率(构成产量的主要因子)效果明显。对弱树、老树和土壤肥力差、基肥施得少的果园应加大施肥量。对树势强、基肥数量充足者可少施或不施。花前肥也可推迟到花后施,以免引起徒长,导致落花落果加重。

②盛花末和幼果膨大期追肥 石榴花期长达 2 个月以上,盛花期 20 天左右。由于石榴树大量营养生长、大量开花同时伴随着幼果膨大、花芽分化,此期消耗养分最多,要求补充量也最多,此期追肥可促进营养生长,扩大叶面积,提高光合效能,有利于有机营

养的合成补充,减少生理落果,促进花芽分化,既保证当年丰产,又为翌年丰产打下基础。此次追肥要氮、磷配合,适量施钾。一般花前肥和花后肥互为补充,如果花前追肥量大,花后也可不施。

③果实膨大和着色期追肥　可在果实采收前的 15～30 天进行,这时正是石榴果实迅速膨大期和着色期。此期追肥可促进果实着色、果实膨大、果形整齐、提高品质、增加果实商品率;可提高树体营养物质积累,为 9 月下旬第二次花芽分化高峰的到来做好物质准备;可提高树体的抗寒越冬能力。此次追肥以磷、钾肥为主,辅之以氮肥。

4. 石榴树如何确定施肥量?

石榴树一生中需肥情况,因树龄的增长、结果量的增加及环境条件变化等而不同。正确地确定施肥量,是依据树体生长结果的需肥量、土壤养分供给能力、肥料利用率三者来计算。一般每生产1 000 千克果实,需吸收纯氮 5～8 千克。

土壤中一般都含有石榴树需要的营养元素,但因其肥力不同供给树体可吸收的营养量有很大差别。一般山地、丘陵、沙地果园土壤瘠薄,施肥量宜大;土壤肥沃的平地果园,养分含量较为丰富,可释放潜力大,施肥量可适当减少。土壤供肥量的计算,一般氮为吸收量的 1/3,磷、钾约为吸收量的 1/2(表 8-2)。

表 8-2　黄淮地区适宜发展石榴主要土壤耕层化学性　(%)

土 类	pH值	有机质	全 氮	全 磷	全 钾
棕 壤	5.8～6.3	0.319～0.898	0.01～0.143	0.160～0.233	0.62～0.79
褐 土	7.2～7.8	0.47～0.50	0.029～0.030	0.089～0.099	1.82～1.83
碳酸盐褐土	7.8～8.5	0.31～0.67	0.024～0.045	0.105～0.117	1.95～1.98
黄垆土	6.5～6.8	0.671～1.047	0.019～0.035	0.121～0.163	2.38～2.76
黄棕壤	6.2～6.3	0.408～0.759	0.017～0.040	0.078～0.087	2.58～2.66

续表 8-2

土 类	pH值	有机质	全 氮	全 磷	全 钾
黄岗土	7.2~7.6	0.48~0.78	0.041~0.064	0.021~0.104	2.12~2.84
沙 土	9.0	0.17~0.23	0.017~0.023	0.016	2.0~2.6
淤 土	8.5~8.8	0.68~0.91	0.055~0.071	0.154	2.38
二合土	8.7~8.8	0.48~0.72	0.035~0.044	0.153	2.0~2.6
沙姜黑土	6.6~7.0	0.596~1.060	0.050~0.072	0.02~0.049	2.01~2.35

施入土壤中的肥料由于土壤固定、侵蚀、流失、地下渗漏或挥发等,不能被完全吸收。肥料利用率一般氮为50%,磷为30%,钾为40%。现将各种有机肥料、无机肥料的主要养分列于表8-3、表8-4,以供计算施肥量时参考。

表 8-3　石榴园适用有机肥料的种类、成分 （%）

肥 类	水 分	有机质	氮(N)	磷(P)	钾(K)
人粪尿	80以上	5~10	0.5~0.8	0.2~0.4	0.2~0.3
猪圈粪	72.4	25.0	0.45	0.19	0.60
牛舍粪	77.4	20.3	0.34	0.16	0.40
马厩粪	71.3	25.4	0.58	0.28	0.53
羊圈粪	64.6	31.8	0.83	0.23	0.67
鸽 粪	51.0	30.8	1.76	1.73	1.00
鸡 粪	56.0	25.5	1.63	1.54	0.85
鸭 粪	56.6	26.2	1.00	1.40	0.62
鹅 粪	77.1	13.4	0.55	0.54	0.95
蚕 粪	—	—	2.64	0.89	3.14
大豆饼	—	—	7.00	1.32	2.13
芝麻饼	—	—	5.80	3.00	1.33
棉籽饼	—	—	3.41	1.63	0.97

续表 8-3

肥 类	水 分	有机质	氮(N)	磷(P)	钾(K)
油菜饼	—	—	4.60	2.48	1.40
花生饼	—	—	6.32	1.17	1.34
茶籽饼	—	—	1.11	0.37	1.23
桐籽饼	—	—	3.60	1.30	1.30
玉米秸	—	—	0.60	1.40	0.90
麦 秸	—	—	0.50	0.20	0.60
稻 草	—	—	0.51	0.12	2.70
高粱秸	—	79.6	1.25	0.15	1.18
花生秸	—	88.6	1.82	0.16	1.09
堆 肥	60～75	12～25	0.4～0.5	0.18～0.26	0.45～0.70
泥 肥	—	2.45～9.37	0.20～0.44	0.16～0.56	0.56～1.83
墙 土	—	—	0.19～0.28	0.33～0.45	0.76～0.81
鱼 杂	—	69.84	7.36	5.34	0.52

表 8-4　石榴园适用无机肥料的种类、成分　(%)

肥 类	肥 项	含 量	酸碱性	施用要点
氮肥(N)	氨水	12～17	碱	基肥、追肥、深沟施
	碳酸氢铵	16.8～17.5	弱碱	基肥、追肥、深沟施
	硫酸铵	20～21	弱碱	基肥、追肥、沟施
	硝酸铵	34～35	弱碱	基肥、追肥、沟施
	尿素	45～46	中性	基肥、追肥、沟施、叶面施
磷肥(P_2O_5)	过磷酸钙	12～18	弱酸	基肥、追肥、沟施、叶面施
	重过磷酸钙	36～52	弱酸	基肥、追肥、沟施
	钙镁磷	14～18	弱碱	基肥、沟施
	骨粉	22～33	—	与有机肥堆沤作基肥适于酸性土壤

续表 8-4

肥 类	肥 项	含 量	酸碱性	施用要点
钾肥(K₂O)	硫酸钾	48～52	生理酸性	基肥、追肥、沟施
	氯化钾	56～60	生理酸性	基肥、追肥、沟施
	草木灰	5～10	弱碱	基肥、追肥、沟施、叶面施
复合肥(N-P-K)	硝酸磷	20-20-0	—	追肥、沟施
	磷酸二氢钾	0-52-34	—	叶面喷施
	硝酸钾	13-0-46	—	追肥、沟施、叶面喷施

不同的肥料种类,肥效发挥的速度不一样。有机肥肥效释放的慢,一般施后的有效期可持续 2～3 年,故可实行 2～3 年间隔施肥或在树行间隔行轮换施肥。无机肥养分含量高,可在短期内迅速供给植物吸收。有机肥料、无机肥料要合理搭配(表 8-5)。

表 8-5　石榴园适用肥料的肥效

肥料种类	第一年 (%)	第二年 (%)	第三年 (%)	肥效发挥初始时间 (天)
人粪尿	75	15	10	10～12
牛 粪	25	40	35	15～20
羊 粪	45	35	20	15～20
猪 粪	45	35	25	15～20
马 粪	40	35	25	15～20
禽 粪	65	25	10	12～15
草木灰	75	15	10	12～18
饼 肥	65	25	10	15～25
骨 粉	30	35	35	20～25
绿 肥	30	45	25	10～30
硝酸铵	100	0	0	5～7
硫酸铵	100	0	0	5～7

续表 8-5

肥料种类	第一年（%）	第二年（%）	第三年（%）	肥效发挥初始时间（天）
尿 素	100	0	0	7～8
碳酸氢铵	100	0	0	3～5
过磷酸钙	45	35	20	8～10
钙镁磷肥	20	45	35	8～10

石榴园施肥还受着树龄、树势、地势、土质、耕作技术、气候情况等方面的影响。据各地丰产经验，施肥量依树体大小而定，随着树龄增大而增加。幼龄树一般株施优质农家肥 8～10 千克。结果树一般按结果量计算施肥量，每生产 1 000 千克果实，应在上年秋末结合深耕一次性施入 2 000 千克优质农家肥，配合适量氮、磷肥较为合适；并在生长季节的几个关键追肥期，追施相当于基肥总量 10%～20% 的肥料，即 200～400 千克，并适量追施氮肥。根外追肥用量很少，可以不计算在内。

5. 石榴树施肥的方法有几种？

可分为土壤施肥和根外（叶面）追肥两种形式，以土壤施肥为主，根外追肥为辅。

(1)土壤施肥　是将肥料施于果树根际，以利于吸收。施肥效果与施肥方法有密切关系。应根据地形、地势、土壤质地、肥料种类，特别是根系分布情况而定。石榴树的水平根群一般集中分布于树冠投影的外围，因此施肥的深度与广度应随树龄的增大由内及外、由浅及深逐年变化。常用的施肥方法如图 8-1 所示。

①环状沟施肥　此法适于平地石榴园，在树冠垂直投影外围挖宽 50 厘米左右、深 25～40 厘米的环状沟，将肥料与表土混匀后施入沟内覆土。此法多用于幼树，有操作简便、经济用肥等特点。

但挖沟易切断水平根,且施肥范围较小。

②放射状沟施肥 在树冠下面距离主干1米左右的地方开始以主干为中心,向外呈放射状挖4～8条至树冠投影外缘的沟,沟宽30～50厘米、深15～30厘米,肥、土混匀施入。此法适于盛果期树和结果树生长季节内追肥采用。开沟时顺水平根生长的方向开挖,伤根少,但挖沟时要躲开大根。可隔年或隔次更换放射沟位置,扩大施肥面,促进根系吸收。

③穴状施肥 在树冠投影下,自树干1米以外挖施肥穴施肥。有的地区用特制施肥锥,使用很方便。此法多在结果树生长期追肥时采用。

④条沟施肥 结合石榴园秋季耕翻,在行间或株间或隔行开沟施肥,沟宽、深、施肥法同环状沟施肥法。下年施肥沟移到另外两侧。此法多用于幼树园深翻和宽行密植园的秋季施肥时采用。

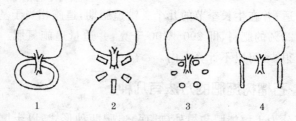

图 8-1 几种常用的施肥方法示意

1. 环状沟施肥　2. 放射状沟施肥　3. 穴状施肥　4. 条沟施肥

⑤全园施肥 成年树或密植果园,根系已布满全园时采用。先将肥料均匀撒布全园,再翻入土中,深度约20厘米。优点是全园撒施面积大,根系都可均匀地吸收到养分。但因施得浅,长期使用,易导致根系上浮,降低抗逆性。如与放射沟施肥法轮换使用,则可互补不足,发挥最大肥效。

⑥灌溉式施肥 即灌水与施肥相结合,肥料分布均匀,既不伤根,又保护耕作层土壤结构,节省劳力,肥料利用率高。树冠密接

的成年树果园和密植果园及旱作区采用此法更为合适。

采用何种施肥方法,各地可结合石榴园具体情况加以选用。采用环状沟施肥、穴状施肥、条沟施肥、放射状沟施肥时,应注意每年轮换施肥部位,以便根系发育均匀。

(2)根外(叶面)追肥 即将一定浓度的肥料液均匀地喷布于石榴树叶片上。一可增加树体营养、提高产量和改良果实品质,一般可提高坐果率 2.5%～4%,果重提高 1.5%～3.5%,产量提高 5%～10%。二可及时补充一些缺素症对微量元素的需求。叶面施肥的优点表现在吸收快、反应快、见效明显,一般喷后 15 分钟至 2 小时可吸收,10～15 天叶片对肥料元素反应明显,可避免许多微量元素施入土壤后易被土壤固定、降低肥效的缺点。

叶面施肥喷洒后 25～30 天叶片对肥料元素的反应逐渐消失,因此只能是土壤施肥的补充,石榴树生长结果需要的大量养分还是要靠土壤施肥来满足。

叶面施肥时肥料的养分主要是通过叶片上气孔和角质层进入叶片,而后运行到树体的各个器官。叶背较叶面气孔多,细胞间隙大,利于渗透和吸收。叶面施肥最适温度为 18℃～25℃,所以喷布时间于夏季最好是上午 10 时以前和下午 4 时以后。喷时雾化要好,喷布均匀,特别要注意增加叶背面的着肥量。

一般能溶于水的肥料均可用于根外追肥(表 8-6),根据施肥目的选用不同的肥料品种。叶面肥可结合药剂防治病虫害一同进行。但混合喷施时,必须注意不降低药效、肥效。如碱性农药石硫合剂、波尔多液不能与过磷酸钙、锰、铁、锌、钼等混合施用;而尿素可以与波尔多液、敌敌畏、辛硫磷、胂·锌·福美双等农药混合施用。叶面喷施浓度要准确,防止造成药害、肥害。喷施时还可加入少量湿润剂,如肥皂液、洗衣粉、皂角油等,可使肥料和农药黏着叶面,提高吸肥和防治病虫害的效果。

表 8-6　石榴园叶面追肥常用品种与浓度

肥料种类	有效成分（％）	常用浓度（％）	施用时间（月/旬）	主要作用
尿　素	45～46	0.1～0.3	5/上、6/下、9/上	提高坐果率,增强树势,增加产量
硫酸铵	20～21	0.3	生长期	增强树势,提高产量
硫酸钾	48～52	0.4～0.5	5/上 至 9/下,3～5 次	促进花芽分化、果实着色,提高产量,增强抗逆性
草木灰	5～10	1.0～3.0	5/上 至 9/下,3～5 次	作用同硫酸钾
硼　砂	11	0.05～0.2	初花盛花末各1次	提高坐果率
硼　酸	17.5	0.02～0.1	初花盛花末各1次	提高坐果率
磷酸二氢钾	32～34	0.1～0.3	5/上 至 9/下,3～5 次	促进花芽分化、果实膨大,提高产量,增强抗逆性
过磷酸钙	12～18	0.5～1.0	5/上 至 9/下,3～5 次	促进花芽分化,提高品质、产量
硫酸锌	23～24	0.01～0.05	生长期	防缺锌
硫酸亚铁	19～20	0.1～0.2	叶发黄初期	防缺铁
钼酸铵	50～54	0.05～0.1	蕾、花期	提高坐果率
硫酸铜	24～25	0.02～0.04	生长期	增强光合作用

6. 影响石榴商品性的主要缺素症状是什么?怎样矫治?

当树体某些营养元素不足或过多时,则生理机能发生紊乱,表现出一定症状。石榴树开花量大、果期长,又多栽于有机质含量低的沙地或丘陵山地,更容易表现缺素症。石榴树的主要缺素症状与矫治方法见表 8-7。

表 8-7　石榴树的主要缺素症状与矫治方法

缺素	症　状	矫治方法
氮	根系不发达植株矮小,树体衰弱;枝梢顶部叶淡黄绿色,基部叶片红色,具褐色和坏死斑点,叶小,秋季落叶早;枝梢细尖,皮灰死;果实小而少,产量低	4 月下旬、5 月下旬、6 月下旬、8 月上旬树冠喷施 0.2%～0.3%尿素液,或土壤施尿素,每株 0.25 千克
磷	叶稀少,暗绿转青铜色或发展为紫色;老叶窄小,近缘处向外卷曲,重时叶片出现坏死斑,早期落叶;花芽分化不良;果实含糖量降低,产量、品质下降	生长期叶面喷施0.2%～0.3%磷酸二氢钾溶液,或土施过磷酸钙、磷酸二铵等,每株 0.25 千克
钾	新根生长纤细,顶芽发育不良,新梢中部叶片变皱且卷曲,重则出现枯梢现象;叶片瘦小发展为裂痕、开裂,淡红色或紫红色易早落;果实小而着色差,味酸易裂果	每株土施氯化钾 0.5～1 千克,或生长期叶面喷洒 0.2%～0.3%硫酸钾液或 1%～2%草木灰水溶液
钙	新根生长不良,短粗且弯曲,出现少量线状根后根尖变褐至枯死,在枯死根后部出现大量新根;叶片变小,梢顶部幼叶的叶尖、叶缘或沿中脉干枯,重则梢顶枯死、叶落,花朵萎缩	生长初期叶面喷施 0.3%的硫酸钙;土壤补施钙镁磷粉、骨粉等
镁	植株生长停滞,顶部叶褪绿,基部老叶片出现黄绿色至黄白色斑块,严重时新梢基部叶片早期脱落	生长期叶面施 0.3%硫酸镁,土施钙、镁、磷肥
铁	俗称黄叶病。叶面呈网状失绿,轻则叶肉呈黄绿色而叶脉仍为绿色,重则叶小而薄,叶肉呈黄白色至乳白色,直至叶脉变成黄色,叶缘枯焦,叶脱落,新梢顶端枯死,多从幼嫩叶开始	发芽前树干注射硫酸亚铁或柠檬铁 1 000～2 000 倍液;叶片生长发黄初期叶面喷涂 0.3%～0.5%硫酸亚铁溶液
硼	叶片失绿、出现畸形叶,叶脉弯曲,叶柄、叶脆而易折断;花芽分化不良,易落花落果;根系生长不良,根、茎生长点枯萎,植株弱小	花期喷 0.25%～0.5%硼砂或硼酸溶液

续表 8-7

缺素	症　状	矫治方法
锌	俗称小叶病。新梢细弱,节间短。新梢顶部叶片狭小密集丛生,下部叶有斑纹或黄化,常自下而上落叶。花芽少,果实少,果畸形	发芽初期喷施 0.1%硫酸锌溶液,或生长期叶面喷施 0.3%～0.5%硫酸锌溶液
铜	叶片失绿;枝条上形成斑块和瘤状物,新梢上部弯曲、顶枯	生长期喷施 0.1%硫酸铜溶液
锰	幼叶叶脉间和叶缘褪绿;开花结果少,根系不发达,早期落叶;果实着色差,易裂果	生长期叶面喷施 0.3%硫酸锰溶液
钼	老叶叶脉间出现黄绿或橙黄色斑点,重则至全叶,叶边卷曲、枯萎直至坏死	蕾花期叶面喷施 0.05%～0.1%钼酸铵溶液
硫	叶片变为浅黄色,幼叶表现比成叶重,枝条节间缩短,茎尖枯死	生长期叶面喷稀土 400 倍水溶液

7. 石榴树果园灌排水技术有哪些?

(1)灌水时期　正确的灌水时期是根据石榴树生长发育各阶段需水情况,参照土壤含水量、天气情况以及树体生长状态综合确定。依据石榴树的生理特征和需水特点,要掌握 4 个关键时期的灌水,即萌芽水、花前水、催果水、封冻水。

①萌芽水　黄淮流域早春 3 月树体萌芽前的灌水。此时植株地下部地上部相继开始活动,灌萌芽水可增强枝条的发芽势,促使萌芽整齐,对春梢生长、绿色面积增加、花芽分化、花蕾发育有较好的促进作用。灌萌芽水还可防止晚霜和倒春寒危害。

②花前水　黄淮流域石榴一般于 5 月中下旬进入开花坐果期,时间长达 2 个月。此期开花坐果生殖生长与枝条的营养生长同时进行,需消耗大量的水分。而黄淮流域春季干旱少雨且多风,土壤水分散失快,因此要于 5 月上中旬灌 1 次花前水,为开花坐果

做好准备,以提高结果率。

③催果水　依据土壤墒情保证灌水 2 次以上。第一次灌水安排在盛花后幼果坐稳并开始发育时进行,时间一般在 6 月下旬。此时经过花期大量开花、坐果,树体水分和养分消耗很多,配合盛花末幼果膨大期追肥进行灌水,促进幼果膨大和 7 月上旬的第一批花芽分化,并可减少生理落果。第二次灌水黄淮流域一般在 8 月中旬,果实正处于迅速膨大期,此期高温干旱、树体蒸腾量大,灌水可满足果实膨大对水分的要求,保持叶片光合效能,促进糖分向果实的运输,增加果实着色度、提高品质,同时可以促进 9 月上旬的第二批花芽分化。

④封冻水　土壤封冻前结合施基肥耕翻管理进行。封冻前灌水可提高土壤温度,促进有机肥料腐烂分解,增加根系吸收和树体营养积累,提高树体抗寒性能达到安全越冬的效果,保证花芽质量,为翌年丰产奠定良好的基础。秋季雨水多、土壤墒情好时,冬灌可适当推迟或不灌,至翌年春萌芽水早灌。

(2)灌水方法

①行灌　在树行两侧距树各 50 厘米左右修筑土埝,顺沟灌水。行较长时,可每隔一定距离打一横渠,分段灌水。该法适于地势平坦的幼龄树果园。

②分区灌溉　把果园划分成许多长方形或正方形的小区,纵横做成土埝,将各区分开,通常每一棵树单独成为一个小区。小区与田间主灌水渠相通。该法适于石榴树根系庞大、需水量较多的成龄树果园,但极易造成全园土壤板结。

③树盘灌水　以树干为中心,在树冠投影以内的地面,以土做埝围成圆盘。稀植果园、丘陵区坡台地及干旱坡地果园多采用此法。稀植的平地果园,树盘可与灌溉沟相通,水通过灌溉沟流入树盘内。

④穴灌　在树冠投影的外缘挖穴,将水灌入穴中。穴的数量

依树冠大小而定,一般为 8~12 个,直径 30 厘米左右。穴深以不伤粗根为准,灌后覆土还原。干旱地区的灌水穴可不覆土而覆草。此法用水经济,浸湿根系范围的土壤较宽而均匀,不会引起土壤板结,在干旱地区尤为适用。

⑤环状沟灌 在树冠投影外缘修一条环状沟进行灌水,沟深宽均为 20~25 厘米。适宜范围与树盘灌水相同,但更省水,尤其适用树冠较大的成龄树果园。灌毕封土。

(3)灌水应注意的关键问题 灌水应特别注意的关键问题是:成熟前 10~15 天直至成熟采收不要灌水,特别是久旱果园。此期灌水极易造成裂果,因此采收前应注意的关键问题是避免灌水,或合理灌水。

(4)果园排水 园地排水是在地表积水的情况下解决土壤中水、气矛盾,防涝保树的重要措施。短期内大量降水、连阴雨天都可能造成低洼石榴园积水,致使土壤水分过多,氧气不足,抑制根系呼吸,降低吸收能力。严重缺氧时引起根系死亡。在雨季应特别注意低洼易涝区的排水问题。

九、提高石榴商品性生产水平的保花保果技术

1. 石榴树落花落果的类型有哪些?

石榴落花现象严重,雌性退化花脱落是正常的,但两性正常花脱落和落果现象也很严重。其落花落果可分为生理性和机械性两种。机械性落花落果往往因风、雹等自然灾害所引起;而生理性落花落果的原因很多,在正常情况下都可能发生,落花落果率有时高达90%以上。

2. 石榴树落花落果的原因有哪些?

(1)授粉受精不良 授粉受精对提高坐果率有重要作用。如果授粉受精不良,则会导致大量落花落果。套袋自花授粉的结实率仅为33.3%,而经套袋并人工辅助授粉的结实率高达83.9%。因此保证授粉受精是提高结果率的重要条件。

(2)激素与落果(坐果)的关系 植物花粉中含有生长素、赤霉素等,但它们在花粉中含量极少。受精后的胚和胚乳也可合成生长素、赤霉素和细胞分裂素等激素,均有利于坐果。果实的生长发育受多种内源激素的调节。内源激素提高坐果的机制,主要是高浓度的含量,提高了向果实调运营养物质的能力。石榴盛花期使用赤霉素处理花托,可明显提高坐果率。

(3)树体营养 在树体营养较好的条件下,授粉良好、受精正常,胚的发育以及果实的发育都好;否则就差。严重的因营养不良而导致落花落果。

(4)水分过多或不足 开花时阴雨连绵则落花严重。若雨后

放晴则有利于坐果,原因是与授粉受精有关。当阴雨连绵时,限制了昆虫活动及花粉的风力传播,不利于授粉受精;雨后放晴,不但有利于昆虫活动,而且有利于器官的发育,给授粉受精创造了良好的条件,故而能提高坐果率。

(5)**光照不足** 光是通过树冠外围到达内膛的,而石榴树枝条冗繁、叶片密集,由于枝叶的阻隔,光到达内膛逐次递减,其递减率随枝叶的疏密程度,由冠周到内膛的距离而有所不同。枝叶紧凑较稀疏光照强度递减率要大。品种不同枝叶疏密程度不同,修剪与否、修剪是否合理都影响透光率。合理修剪、树体健壮、通风透光条件好,其坐果率可以提高3~6倍。实际观察到,在光照不足的内膛,坐果少且小,发育慢,成熟时着色也不好,这和内膛叶片的光合作用强度的低下有关。所以石榴坐果主要在树冠的中外围。

(6)**病虫害和其他自然灾害** 桃蛀螟是石榴的主要蛀果害虫,高发生年份虫果率达90%以上。蛀干害虫茎窗蛾将枝条髓腔蛀空,使枝条生长不良甚至死亡,遇风易扭断等。加之其他如桃小食心虫、黑蝉、黄刺蛾等都是为害石榴花、果比较严重的害虫,对石榴产量影响很大,严重者造成绝收。

造成石榴落果的自然灾害也很多,诸如花期阴雨阻碍授粉受精,大风和冰雹吹(打)落花果等。

3. 提高石榴树坐果率的途径有几种?

(1)**加强果园综合管理** 凡可以促进光合作用、保证树体正常生长发育、使树体营养生长和生殖生长处于合理状态、增加石榴树养分积累综合管理措施的合理运用,都有利于提高石榴坐果率。

(2)**辅助授粉**

①石榴园放蜂 果园放(蜜)蜂是提高坐果率的有效措施。一般5~8年生树,每150~200株树放置一箱蜜蜂(约1.8万头蜜蜂)即可满足传粉的需要。果园放置蜂箱数量视株数而定。蜜蜂

对农用杀虫剂非常敏感,因此放蜂石榴园切忌喷洒农药。阴雨天放蜂效果不好,应配合人工辅助授粉。

②人工授粉 石榴雌性败育花较多,但花粉发育正常,可于园内随采随授。方法是摘取花粉处于生命活动期(花冠开放的第二天,花粉粒金黄色)的败育花,掰去萼片和花瓣,露出花药,直接点授在正常柱头上,每朵可授 8~10 朵花。此法费工,但效果好,是提高前期坐果率的最有效措施。一般坐果率在 90% 以上。

③机械喷粉 把花粉混入 0.1% 蔗糖液中(糖液可防止花粉在溶液中破裂,如混后立即喷,可减少糖量或不加糖)利用农用喷雾器喷粉。配制比例为水 10 升∶蔗糖 0.01 千克∶花粉 50 毫克,再加入硼酸 10 克(用前混入可增加花粉活力)。

花粉的采集:在果园随采随用。一般先将花粉抖落在事先铺好的纸上,然后除去花丝、碎花瓣、萼片和其他杂物,即可用。花粉液随配随用,以防混合后时间久了花粉在液体中发芽影响授粉能力。

石榴花期较长,在有效花期内都可人工授粉,但以盛花期(沿黄地区 6 月 15 日)前辅助授粉为好,以提高前期坐果率,增加果实的商品性。每天授粉时间,在天气晴朗时,以上午 8~10 时花刚开放、柱头分泌物较多时最好。连阴雨天昆虫活动少,要注意利用阴雨间隙时间抢时授粉。

花期每 1~2 天辅助授粉 1 次。花量大时每个果枝只点授一个发育好的花,其余蕾花全部疏除。对授过粉的正常花可用不同的方法做标记,以免重复授粉增加工作量。机械喷粉无法控制授粉花朵数,很容易形成丛生果,要注意早期疏果。

(3)应用生长调节剂 落花落果的直接原因是离层的形成,而离层形成与内源激素(如生长素)不足有关。应用生长调节剂和微量元素防止果柄产生离层有一定效果,其作用机制是改变果树内源激素的水平和不同激素间的平衡关系。

于石榴盛花期用脱脂棉球蘸取激素类药剂涂抹花托可明显提高坐果率,如用 5～30 毫克/升赤霉素处理,坐果率可提高 17.7%～22.9%。

初冬对 4～5 年生树株施多效唑有效成分 1 克,能促进花芽的形成,单株雌花数提高 80%～150%,雌雄花比例提高 27.8%,单株结果数增加 25%,增产幅度为 47%～65%。夏季显蕾始期对 2 年以上树龄叶面喷施 500～800 毫克/升多效唑溶液,能有效地控制枝梢徒长,增加雌花数量,提高前期坐果率,单株结果数和单果重分别增加 17.5% 和 13.2%,单株产量提高 25.6%。使用多效唑要特别注意使用时期、剂量和方法,如因用量过大,树体控制过度,可用赤霉素喷洒缓解。

(4)疏蕾花、疏果 石榴花期长、花量大,且雌性败育花占有很大比例,从现蕾、开花至脱落,消耗了树体大量有机营养。所以及时疏蕾、疏花,对调节树体营养、增进树体健壮、提高果实的产量和品质有重要作用。

从花蕾膨大能用肉眼分辨出正常蕾与退化蕾时开始,摘除结果枝顶端果位下部分尾尖瘦小的退化蕾与花,保留正常花,直至盛花期结束连续进行,避免漏疏,蕾花期疏蕾、疏花同时进行。

疏果视载果量在果实坐稳后进行。首先疏掉病虫果、畸形果、丛生果的侧位果。结果多的幼树、老弱树、大果型品种树适当多疏;健壮树、小果型品种树适当少疏,使果实在树冠内外、上下均匀分布,充分合理利用树体营养。一般径粗 2.5 厘米左右的结果母枝,留果 3～4 个。

4. 石榴树裂果的原因是什么? 怎样预防?

石榴树裂果是石榴丰产栽培不容忽视的问题。在石榴果实整个发育期,都有裂果现象,但主要是后期裂果。旱岭地裂果率一般为 10% 左右,重的可达到 70% 以上;灌水正常果园裂果轻,在 5%

左右。裂果后籽粒外露易被鸟类和动物取食,使果实完全失去商品价值;裂果形成伤口有利于病菌侵染遇雨容易感病烂果,同时裂果后果实商品外观变差、商品价值降低,可造成严重的经济损失。

(1)裂果特点　石榴裂果发生的严重时期沿黄地区一般始于8月下旬,以果实采收前10~15天、即9月上中旬最为严重,直至9月中下旬的采收期。早熟品种裂果期提前,8月上旬即出现较为严重的裂果现象。裂果与坐果期有关。坐果期早,裂果现象严重;坐果期晚,裂果现象较轻。成熟果实裂果重,未成熟果实裂果轻。

树冠的外围较内膛、朝阳较背阴裂果重。果实以阳面裂口多,机械损伤部位易裂果。

品种不同,裂果发生差异明显。果皮厚、成熟期晚的果实裂果轻,果皮薄、成熟期早的果实裂果重。

(2)裂果原因　石榴果实由果皮(外果皮、中果皮、内果皮)、胎座隔膜、籽粒(外种皮、内种皮)3部分组成。在果实发育的前期,果皮的延展性较好,籽粒和果皮的生长趋于同步,不易发生裂果。随着果实临近成熟采收和经过夏季长时间的伏旱、高温、干燥和日光直射,致使外果皮组织受到损坏,导致外果皮组织延展性降低,而中果皮以内的组织仍保持较强的生长能力,加之籽粒的生长始终处于旺盛期,导致籽粒和果皮内外生长速度的差别,条件不利时有可能造成裂果。

导致裂果的外部因素主要是环境水分的变化。在环境水分相对稳定的条件下,如有灌溉条件的果园,结合降水,土壤供应树体及果实水分的变幅不大,果实膨大速度相对稳定,即使到后期果实成熟采收,裂果现象也较轻。持久干旱又缺乏灌溉的果园,突然降水或灌溉,根系迅速吸水输导至植株的根、茎、叶、果实各个器官,籽粒的生长速度明显高于处于老化且基本停止生长的外果皮,当外果皮承受能力达到极限时导致果皮开裂。由这种原因引起的裂果,集中、量大,损失重。

(3)裂果预防

①尽量保持园地土壤含水量处于相对稳定状态 采取有效措施降低因土壤水分变幅过大造成的裂果,可采用树盘地膜覆盖、园地覆草增施肥料、改良土壤等技术,提高旱薄地土壤肥力,增强土壤持水能力。掌握科学灌水技术,不因灌水不当造成不应有的裂果损失。

②适时分批采收果实 早坐果早采,晚坐果晚采。成熟期久旱遇雨,雨后果实表面水分散失后要及时采收。

③采取必要的保护措施 将石榴果实套袋,既防病、防虫,又减少了机械创伤和降水直淋,且减少因防病治虫使用农药造成的污染,并可有效地减少裂果。

④应用生长调节剂 在中后期喷施 25 毫克/升赤霉素,可使裂果减少 30% 以上。

十、提高石榴商品性生产水平的病虫害综合防治技术

1. 适宜石榴园使用的农药种类有哪些?

(1)允许使用的部分农药品种及使用要求　在石榴园无公害果品生产中,要根据防治对象的生物学特性和危害特点合理选择允许使用的药剂品种。主要种类有以下几种。

①植物源杀虫、杀菌素　包括除虫菊素、鱼藤酮、烟碱、苦参碱、植物油、印楝素、苦楝素、川楝素、茼蒿素、松脂合剂、芝麻素等。

②矿物源杀虫、杀菌剂　包括石硫合剂、波尔多液、机油乳剂、柴油乳剂、石悬剂、硫黄粉、草木灰等。

③微生物源杀虫、杀菌剂　如苏云金杆菌乳剂、白僵菌、阿维菌素、中生菌素、多氧霉素和嘧啶核苷类抗菌素等。

④昆虫生长调节剂　如灭幼脲、除虫脲、氟虫脲、性诱剂等。

⑤低毒低残留化学农药

主要杀菌剂:5%菌毒清水剂、80%代森锰锌可湿性粉剂、70%甲基硫菌灵可湿性粉剂、50%多菌灵可湿性粉剂、40%氟硅唑乳油、1%中生菌素水剂、70%代森锰锌可湿性粉剂、70%乙铝·锰锌可湿性粉剂、腐植酸·酮、15%三唑酮乳油、75%百菌清可湿性粉剂、50%异菌脲可湿性粉剂等。

主要杀虫杀螨剂:1%阿维菌素乳油、10%吡虫啉可湿性粉剂、25%灭幼脲悬浮剂、5%氟苯脲乳油、20%双甲脒乳油、20%氟铃脲悬浮剂、50%马拉硫磷乳油、50%辛硫磷乳油、5%噻螨酮乳油、20%四螨嗪悬浮剂、15%哒螨灵乳油、50%抗蚜威可湿性粉剂、90%晶体敌百虫、5%氟虫脲乳油、25%噻嗪酮可湿性粉剂、25%氟

啶脲乳油等。

允许使用的化学合成农药每种每年最多使用 2 次,最后 1 次施药距安全采收间隔期应在 20 天以上。

(2)限制使用的部分农药品种及使用要求 限制使用的化学合成农药品种主要有 48%毒死蜱乳油、50%抗蚜威可湿性粉剂、25%抗蚜威水分散粒剂、2.5%氯氟氰菊酯乳油、20%甲氰菊酯乳油、30%菊·马乳油、80%敌敌畏乳油、50%杀螟硫磷乳油、10%联苯菊酯乳油、2.5%溴氰菊酯乳油、20%氰戊菊酯乳油、乐果乳油等。

无公害果品生产中限制使用的农药品种,每年最多使用 1 次,施药距安全采收间隔期应在 30 天以上。

(3)禁止使用的农药 在无公害石榴果品生产中,禁止使用以下剧毒、高毒、高残留、致癌、致畸、致突变和具有慢性毒性的农药。

有机磷类杀虫剂:甲拌磷、乙拌磷、久效磷、对硫磷、甲基对硫磷、甲胺磷、甲基异柳磷、特丁硫磷、甲基硫环磷、治螟磷、内吸磷、氧化乐果、磷胺、灭线磷、硫环磷、蝇毒磷、地虫硫磷、氯唑磷、苯线磷、水胺硫磷。氨基甲酸酯类杀虫剂:克百威、涕灭威、灭多威。二甲基甲脒类杀虫剂:杀虫脒。取代苯类杀虫剂:五氯硝基苯、五氯苯甲醇。有机氯杀虫剂:滴滴涕、六六六、毒杀芬、二溴氯丙烷、林丹。有机氯杀螨剂:三氯杀螨醇、炔螨特。砷类杀虫、杀菌剂:福美胂、甲基砷酸锌、甲基砷酸铁铵、福美甲、砷酸钙、砷酸铅。氟制类杀菌剂:氟化钠、氟化钙、氟乙酰胺、氟铝酸钠、氟硅酸钠、氟乙酸钠。有机锡杀菌剂:三苯基醋酸锡、三苯基氯化锡。有机汞杀菌剂:氯化乙基汞(西力生)、醋酸苯汞(赛力散)。二苯醚类除草剂:除草醚、草枯醚。

以及国家规定无公害果品生产禁止使用的其他农药。

(4)允许和禁止使用的天然植物生长调节剂及使用要求 允许使用的植物生长调节剂及使用要求:如赤霉素类、细胞分裂素类

(如苄基腺嘌呤[BA]、玉米素等),要求每年最多使用1次,施药距安全采收期间隔应在20天以上。也可使用能够延缓生长、促进成花、改善树冠结构、提高果实品质及产量的其他生长调节物质,如乙烯利、矮壮素等。

禁止使用污染环境及危害人体健康的植物生长调节剂。如丁酰肼(B9)、萘乙酸、2,4-二氯苯氧乙酸(2,4-D)等。

2. 石榴树如何科学合理使用农药?

(1)对症、适时施药　根据田间的病虫害种类和发生情况选择农药,确定使用药剂的最佳时期,选择合适的药械和使用方法,保证使用的农药准确、均匀、到位。防治病害以保护性杀菌剂为基础。

(2)严格按照农药的使用剂量使用农药　同一种类的允许使用的药剂:在一个生长季内,一般保护性杀菌剂可以使用3~5次;具有内吸性和渗透作用的农药可以使用1~2次,最好只使用1次;杀虫剂可以使用1~2次,最好使用1次。

(3)严格按农药的安全间隔期使用农药　允许使用的农药品种,禁止在采收前20天内使用。限制使用的农药禁止在采收前30天内使用。如果出现特殊情况,需要在采收前安全间隔期内使用农药,必须在植保专家指导下采取措施,确保食品安全。

(4)严格对使用农药的安全管理　严禁使用未经国家有关部门核准登记的农药化合物。每一个生产者,必须对石榴园中使用农药的时间、农药名称、使用剂量等进行严格、准确的记录。

(5)其他情况　按国家标准《农药合理使用准则》GB/T 8321(所有部分)规定执行。

3. 石榴树病虫害无公害防治的基本原则是什么?

病虫害无公害防治的基本原则是综合利用农业的、生物的、物理的防治措施,创造不利于病虫类发生而有利于各类自然天敌繁衍的生态环境,通过生态技术控制病虫害的发生。优先采用农业防治措施,本着"防重于治"、"农业防治为主、化学防治为辅"的无公害防治原则,选择合适的可抑制病虫害发生的耕作栽培技术,平衡施肥、深翻晒土、清洁果园等一系列措施控制病虫害的发生。尽量利用灯光、色彩、性诱剂等诱杀害虫,采用机械和人工除草以及热消毒、隔离、色素引诱等物理措施防治病虫害。病虫害一旦发生,需采用化学方法进行防治时,注意严禁使用国家明令禁止使用的农药、果树上不得使用的农药,并尽量选择低毒低残留、植物源、生物源、矿物源农药。

4. 什么是石榴树病虫害的农业防治?有哪些措施?

病虫害农业防治是根据农业生态环境与病虫害发生的关系,通过改善和改变生态环境,调整品种布局,充分应用品种抗病、抗虫性以及一系列的栽培管理技术,有目的地改变果园生态系统中的某些因素,使之不利于病虫害的流行和发生,达到控制病虫害的目的。农业防治方法是果园生产管理中的重要部分,不受环境、条件、技术的限制,虽然不像化学防治那样能够直接、迅速地消灭病虫害,却可以长期控制病虫害的发生,大幅度减少化学药剂的使用量,有利于果园长期的可持续发展。

(1)**植物检疫** 即凡是从外地引进或调出的苗木、种子、接穗等,都应进行严格检疫,防止危险性病虫害的扩散。

(2)**清理果园,减少病虫源** 石榴园中的多数病原微生物和害虫在病枝或残留在园中的病叶、病果上越冬、越夏,及时清理果园,可以破坏其越冬的潜藏场所和条件,有效地减少侵染源,降低病虫害发生基数,可以很好地预防病虫害的发生和流行。秋季或早春清扫枯枝落叶,集中焚烧销毁,可消灭叶斑病菌及越冬的潜叶蛾类。结合修剪,摘除病虫果、叶,剪除病虫枝条可以有效地防止茎窗蛾、刺蛾类、食心虫、介壳虫等害虫的侵害。对于死树、死枝、病虫株残体和落在地面上的病虫果,应及时清除并焚烧或深埋,可以大大减少病虫害的传播与危害。此外,及时清除田间杂草,亦可以大大减少害虫寄生的机会。

（3）合理整形修剪,改善果园通风透光条件 果园在密闭条件下病虫害发生严重,过于茂盛的枝叶常成为小型昆虫繁衍的有利场所。合理整形修剪,使树体枝组分布均匀,改善树冠内通风透光条件,可以有效地控制病虫害的发生。

（4）科学施肥,合理灌溉 加强肥水管理对提高树体抵抗病虫害的能力有明显效果,特别是对具有潜伏侵染特点的病害和具有刺吸口器害虫的抵抗作用尤其明显。施肥种类及用量与病虫害发生有密切关系。应当注意勿施用过量氮肥,避免引起因枝叶徒长、树冠内郁蔽而易诱发病虫害。厩肥堆积过多,常成为蝇、蚊、金龟子幼虫等土栖昆虫的栖息繁殖场所。因此,提倡配方施肥、平衡施肥、多施有机肥、增施磷肥和钾肥,以提高植株抗病性,增强土壤通透性,改善土壤微生物群落,提高有益微生物的生存数量,并保证根系发育健壮。此外,减少氮肥,增施磷肥和钾肥,能增强树体对病害侵染的抵抗力。

果园湿度过大,易导致真菌类病害疫情的发生,湿度越大病害越重。而果树生长中、后期灌水过多,易使果树贪青徒长,枝条发育不充实,冬季抵抗冻害的能力差。因此,果园尽量采用滴灌等节水措施,浇水避免大水漫灌,以免造成园内湿度过大,诱发病害发生。利用滴灌技术、覆盖地膜技术可以有效地控制空气湿度,防止病害的发生。遇大雨后应及时排水,避免影响石榴生长和降低石榴抵抗病虫害的能力。

（5）刮树皮,刮涂伤口,树干涂白 危害石榴的多种害虫的卵、蛹、幼虫、成虫及多种病菌孢子隐居在树体的粗翘皮裂缝里休眠越冬,而病虫越冬基数与翌年为害程度密切相关,应刮除枝干上的粗皮、翘皮和病疤,铲除腐烂病、干腐病等枝干病害的菌源,同时还可以促进老树更新生长。刮树皮一般宜在入冬时节或翌年早春2月间进行,不宜过早或过晚,以防止树体遭受冻害以及失去除虫治病的作用。幼龄树要轻刮,老龄树可重刮。操作动作要轻,防止刮伤嫩皮及木质部,影响树势。一般以彻底刮去粗皮、翘皮又不伤及白颜色的活皮为限。刮皮后皮层集中烧毁或深埋,然后用石灰在主干和大枝伤口处进行涂白,既可以杀死潜藏在树皮下的病虫,还可以保护树体不受冻害。石灰涂白剂的配制材料和比例为:生石灰10千克、食盐150～200克、面粉400～500克、加清水40～50升,充分溶化搅拌后刷在树干伤口不流淌、不起疙瘩即可。由虫伤或机械伤引起的伤口,是最容易感染病菌和害虫喜欢栖息的地方,应将腐皮朽木刮除,用小刀削平伤口后涂上5波美度石硫合剂或波尔多液消毒,促进伤口早日愈合。

(6)**刨树盘** 刨树盘是石榴树管理的一项常用措施。该措施既可起到疏松土壤、促进石榴树根系生长作用,还可将地表的枯枝落叶翻于地下,把土中越冬的害虫翻于地表。

(7)**树干绑缚草绳,诱杀多种害虫** 不少害虫喜在主干翘皮、草丛、落叶中越冬,利用这一习性,于果实采收后在主干分枝以下绑缚3～5圈松散的草绳,诱集消灭害虫。草绳可用稻草或谷草、棉秆皮拧成,但草绳必须松散,以利于害虫潜入。

(8)**人工捕虫** 许多害虫有群集和假死的习性,如多种金龟子有假死性和群集为害的特点,可以利用害虫的这些习性进行人工捕捉。再如黑蝉若虫可食,在若虫出土季节,可以发动群众捕而食之。

(9)**园内种植诱集作物,诱集害虫集中而消灭** 利用桃蛀螟、桃小食心虫对玉米、高粱趋性更强的特性,园内种植玉米、高粱等,诱其集中为害而消灭。

(10)**鸡、鸭啄食害虫** 园内放养鸡、鸭等家禽,啄食害虫,减轻为害。

5. 什么是石榴树虫害的物理机械防治？有哪些措施？

是根据害虫的习性而采取的机械方法防治害虫技术。

（1）**黑光灯诱杀** 常用 20 瓦或 40 瓦黑光灯管作光源，在灯管下放一个水盆或一个大广口瓶，瓶中放些毒药，以杀死掉进的害虫。此法可诱杀许多晚间出来活动的害虫，如桃蛀螟、黄刺蛾、茎窗蛾等。

（2）**糖醋液诱杀** 许多成虫对糖醋液有趋性，因此可利用该习性进行诱杀。方法是在害虫发生的季节，将糖醋液盛在水碗或水罐内制成诱捕器，将其挂在树上，每天或隔天清除死虫。糖醋液的制备方法：酒、水、糖、醋按 1：2：3：4 的比例，放入盆中，盆中放几滴毒药，并不断补足糖醋液。

（3）**利用昆虫性信息激素防治害虫** 对世代较长、单食性、迁移性小、有抗药性、蛀茎蛀果害虫更为有效。

昆虫性信息激素是由雌成虫分泌的用以招引雄成虫来交配的一类化学物质，人工合成的昆虫性信息（外）激素已明确的果树害虫种类有 30 多种。我国在果树害虫防治上已经应用的有桃蛀螟、桃小食心虫、桃潜蛾、梨小食心虫、苹果小卷叶蛾、苹果褐卷叶蛾、梨大食心虫、金纹细蛾等昆虫的性信息激素。目前国内外应用的性信息激素捕获器类型有 5 大类 20 多种。如黏着型、捕获型、杀虫剂型、电击型和水盘型。例如，用桃小性信息激素橡胶芯载体，制成水碗式诱捕器悬挂在石榴园内，每棵树上挂 3～5 个诱芯，1 个诱捕器一晚上诱捕雄蛾量可达 100 头以上，由于雌雄比例失调，打破了害虫的生殖规律，使大量的雌成虫不能产下受精卵，从而极大地降低幼虫数量。

利用性信息激素不仅可以诱杀成虫、干扰交尾，还可以根据诱虫时间和诱虫量指导害虫防治,提高防治质量。捕获器的选择要根据害虫种类、虫体大小、气象因素等,确定捕获器放置的地点、高度和用量。

(4)水喷法防治 在石榴树休眠期(11月中下旬)用压力喷水泵喷枝干,喷到流水程度,可以消灭在枝干上越冬的介壳虫。

(5)果实套袋 果实套袋栽培是近几年我国推广的优质果品技术。果实套袋后除了能增加果实着色、提高果面光洁度、减少裂果以外,还能防止病菌和害虫直接侵染果实,减少农药在果品中的残留。

6. 什么是石榴树病虫害的生物防治? 有哪些种类?

运用有益生物防治果树病虫害的方法称为生物防治法。生物防治是进行无公害石榴生产有效防治病虫害的重要措施。在果园自然环境中有400多种有益天敌昆虫资源和能促使石榴害虫致病的病毒、真菌、细菌等微生物。保护和利用这些有益生物,是开展石榴病虫无公害治理的重要手段。生物防治的特点是不污染环境,对人、畜安全无害,无农药残留问题,符合果品无公害生产的目标。但该技术难度比较大,目前应用于防治实践的有效方法还较少。各果园可以因地制宜,选择适合自己的生物防治方法,并与其他防治方法相结合,采取综合治理的原则防治病虫害。

(1)利用捕食性天敌昆虫防治虫害 捕食性天敌昆虫靠直接取食猎物或刺吸猎物体液来杀死害虫,抑制害虫的作用非常明显。我国常见的捕食性天敌昆虫有以下几种。

①瓢虫 为鞘翅目瓢虫科昆虫。常见的有七星瓢虫、深点食螨瓢虫(北方)、腹管食螨瓢虫(南方)、小红瓢虫、异色瓢虫、黑缘红瓢虫、红点唇瓢虫等。均捕食蚜虫和介壳虫,其食量很大。如异色瓢虫的1龄幼虫每天捕食桃蚜数量为10～30头,4龄幼虫为每天100～200头,成虫食量更大。而深点食螨瓢虫能捕食果树、蔬菜、

花卉及林木等多种螨类的成虫、若虫和卵。它的成虫和幼虫发生时期长,世代重叠,食量大,对果树上的螨类有较好的控制作用。

②草蛉(草青蛉)　分布广,种类多,食性杂。我国常见的有10余种,其中主要是中华草蛉、大草蛉、丽草蛉等。草蛉的捕食范围包括蚜虫、叶蝉、介壳虫、蓟马、蛾类和叶甲类的卵、幼虫以及螨类。中华草蛉年发生6代左右,在整个幼虫期的捕食量为:棉蚜500多头,棉铃虫卵300多粒,棉铃虫幼虫500多头,棉红蜘蛛1 000多头,斜纹夜蛾1龄幼虫500多头,还有其他害虫的幼虫,由此可见中华草蛉控制害虫的重要作用。

③蜘蛛　种类多,种群的数量大。寿命较长,小型蜘蛛半年以上,大型蜘蛛可达多年。蜘蛛抗逆性强,耐高温、低温和饥饿。为肉食性动物,专食活体。蜘蛛分结网和不结网两类,前者在地面土壤间隙做穴结网,捕食地面害虫;后者在地面游猎捕食地面和地下害虫,也可从树上、植株、水面或墙壁等处猎食。蜘蛛捕食的害虫种类很多,是许多害虫如蚜虫、花弄蝶、毛虫类、椿象、大青叶蝉、飞虱、斜纹夜蛾等的重要天敌。

④食蚜蝇　主要捕食果树蚜虫,也能捕食叶蝉、介壳虫、蛾蝶类害虫的卵和初龄幼虫。其成虫颇似蜜蜂,喜取食花粉和花蜜。黑带食蚜蝇是果园中较常见的一种,年发生4～5代,幼虫孵化后即可捕食蚜虫,每头幼虫每天可捕食蚜虫120头左右,整个幼虫期可捕食840～1 500头蚜虫。

⑤捕食螨　又叫肉食螨。是以捕食害螨为主的有益螨类。我国有利用价值的捕食螨种类有东方钝绥螨、拟长毛钝绥螨、植绥螨等。在捕食螨中以植绥螨最为理想,它捕食凶猛,具有发育周期短、捕食范围广、捕食量大等特点,1头雌螨能消灭5头害螨在2周内繁殖的群体,同时还捕食一些蚜虫、介壳虫等小型害虫。

⑥食虫椿象　是指专门吸食害虫的卵汁或幼(若)虫体液的椿象,为益虫。它与有害椿象的区别:有害椿象有臭味,而食虫椿象

大多无臭味。食虫椿象是果园害虫天敌的一大类群,主要捕食蚜虫、叶螨、蚧类、叶蝉、椿象以及鳞翅目害虫的卵及低龄幼虫等,如桃小食心虫的卵。

⑦螳螂　是多种害虫的天敌,食性很杂,可捕食蚜虫类、桃小食心虫、蛾蝶类、甲虫类、椿象类等60多种害虫,自春至秋田间均有发生。1只螳螂一生可捕食害虫2 000头。

(2)利用寄生性昆虫类防治虫害　寄生性天敌昆虫,是以雌成虫产卵于寄主(昆虫或害虫)体内或体外,以幼虫取食寄主的体液摄取营养,直到将寄主体液吸干死亡。而它的成虫则以花粉、花蜜等为食或不取食。除了成虫以外,其他虫态均不能离开寄主而独立生活。主要有以下几种。

①赤眼蜂　是一种寄生在害虫卵内的寄生蜂,体型很小,眼睛鲜红色,故名赤眼蜂。它能寄生400余种昆虫卵,尤其喜欢寄生鳞翅目昆虫卵,如果树上的梨小食心虫、刺蛾等,是果园中的重要天敌。赤眼蜂的种类很多,果树上常见的有松毛虫赤眼蜂等。

在自然条件下,华北地区年可发生10~14代,每头雌蜂可繁殖子代40~176头。利用松毛虫赤眼蜂防治果园梨小食心虫,每667平方米放蜂量8万~10万头,梨小食心虫卵寄生率为90%,虫害明显降低,其效果明显好于化学防治。

②蚜茧蜂　是一种寄生在蚜虫体内的重要天敌。蚜茧蜂在4~10月份均有成虫发生,但以6~9月份寄生率较高,有时寄生率高达80%~90%,对蚜虫种群有重要的的抑制作用。

③甲腹茧蜂　寄主为桃小食心虫及多种鳞翅目害虫,寄生率一般可达25%,最高可达50%。

④跳小蜂和姬小蜂　旋纹潜叶蛾的主要天敌,均在寄主蛹内越冬。寄生率可达40%以上。

⑤寄生蝇　是果园害虫幼虫和蛹期的主要天敌。如寄生梨小食心虫的卷叶蛾赛寄蝇、稻苞虫赛寄蝇、日本追寄蝇;寄生天幕毛

虫的天幕毛虫追寄蝇、普通怯寄蝇等。

⑥姬蜂和茧蜂　可寄生多种害虫的幼虫和蛹。主要有桃小食心虫白茧蜂和花斑马尾姬蜂,寄生卷叶虫的中国齿腿姬蜂、卷叶蛾瘤姬蜂,寄生梨小食心虫的梨小蛾姬蜂、聚瘤姬蜂,寄生潜叶蛾、刺蛾的刺蛾紫姬蜂、白跗姬蜂,寄生卷叶蛾的绒茧蜂等。

保护和利用天敌昆虫可以采用以下措施:①天敌的人工大量繁殖和释放。一般情况下,仅靠自然天敌难以将害虫控制在经济受害水平以下。因此,对重要害虫的有效天敌进行室内人工大量繁殖,然后释放到果园中是害虫生物防治的重要途径。由于害虫天敌种类较多,繁殖技术较高,目前已经实验成功可以利用的如中华通草蛉、捕食螨类以及多种寄生蜂。②创造天敌的自繁数量。如人工设置天敌的越冬场所,种植蜜源植物,为一些食蚜蝇、寄生蜂类提供花蜜和花粉,提高其产卵率。注意化学药剂的喷药量和喷药时期,尽量避免杀死害虫的同时也杀死天敌昆虫。

(3)利用食虫鸟类防治虫害　鸟类是害虫天敌的重要类群。我国以昆虫为主要食料的鸟约有600种,捕食害虫的种类很多,果园内所有害虫都可能被取食,对控制害虫种群作用很大。主要有以下几种。

①大山雀　山区、平原均有分布。它可捕食果园内如桃小食心虫、天牛幼虫、天幕毛虫幼虫、叶蝉以及蚜虫等多种害虫。1头大山雀1天捕食害虫的数量相当于自身体重,在大山雀的食物中,农林害虫数量约占80%。

②大杜鹃　杜鹃在我国分布很广。以取食大型害虫为主,特别喜食一般鸟类不敢啄食的如刺蛾等害虫的幼虫,1头成年杜鹃1天可捕食300多头大型害虫。

③大斑啄木鸟　啄木鸟主要捕食鞘翅目害虫、椿象、茎窗蛾蛀干幼虫等。啄木鸟食量很大,每天可取食1 000～1 400头害虫幼虫。

④灰喜鹊　灰喜鹊可捕食金龟子、刺蛾、蓑蛾等 30 余种害虫，1 只灰喜鹊全年可吃掉 1.5 万头害虫。

⑤其他鸟类　还有喜鹊、家燕、黄鹂、斑鸠等。

保护鸟类的措施有：①禁止破坏鸟巢、杀死鸟卵和幼雏。②禁止人为捕猎、毒害鸟类，可以人工为鸟类设置木板箱等居住场所招引。③避免频繁使用广谱性杀虫剂，以免误伤鸟类。④人工饲养和驯化当地鸟类，必要时可操纵其治虫。

(4)利用病原微生物防治病虫害　在自然界中，有一些病原微生物如细菌、真菌、病毒、线虫等，在条件合适时能引发害虫的流行病，致使害虫大量死亡。目前国内应用病原微生物防治病虫害的制剂主要有以下几种。

①苏云金杆菌　是目前世界上产量最大的微生物杀虫剂，又叫 Bt。已有 100 多种商品制剂。防治的害虫主要是刺蛾、卷叶蛾等鳞翅目害虫。

②白僵菌制剂　白僵菌是虫生真菌，防治卷叶蛾、食心虫、刺蛾、天牛等效果好，对桃小食心虫的自然寄生率可达 20%～60%。据调查，用白僵菌高效菌株 B-66 处理地面，可使桃小食心虫出土幼虫大量感病死亡，幼虫僵死率达 85.6%，同时还可显著降低蛾、卵数量。

③病原线虫　其特点是能离体大量繁殖，在有水膜的环境中能蠕动寻找寄主，能在 1～2 天内致死寄主。已成功防治的害虫有桃红颈天牛、桃小食心虫等，对鳞翅目幼虫尤为有效。昆虫病原杀虫剂的活性部分是活体线虫，要求在 10℃低温下存放。使用时按线虫的剂量要求对水喷施即可。

十一、影响石榴商品性生产水平的主要害虫防治技术

1. 桃蛀螟有哪些特征？为害特点是什么？怎样防治？

桃蛀螟属鳞翅目螟蛾科。又名桃蛀野螟、桃斑螟、桃实螟、桃果蠹、桃蠹螟、桃蠹心虫、桃蛀心虫、桃实虫、桃野螟蛾、桃斑纹野螟蛾、豹纹斑螟。分布全国各石榴产区。为害果实。

(1)为害特点 幼虫从果与果、果与叶、果与枝的接触处钻入果实为害。果实内充满虫粪，致果实腐烂并造成落果或干果挂在树上。

(2)形态鉴别 成虫：体长 10～12 毫米，翅展 24～26 毫米，全体金黄色；胸、腹部及翅上都具有黑色斑点；触角丝状。雌蛾腹部末节呈圆锥形，雄蛾腹部末端有黑色毛丛。卵：椭圆形，长 0.6～0.7 毫米，乳白至红褐色。幼虫：体长 22～25 毫米，头部暗黑色，胸部暗红色或淡灰或浅灰蓝，腹面淡绿色，前胸背板深褐色，中、后胸及第一至第八腹节各有排成两列的大小毛片 8 个(前列 6 个，后列 2 个)。蛹：褐色或淡褐色，长约 13 毫米(彩图 13)。

(3)发生特点 黄淮地区年发生 4 代，以老熟幼虫或蛹在僵果中、树皮裂缝、堆果场及残枝败叶中越冬。4 月上旬越冬幼虫化蛹，4 月下旬羽化产卵；5 月中旬发生第一代；7 月上旬发生第二代；8 月上旬发生第三代；9 月上旬为第四代。尔后以老熟幼虫或蛹越冬。成虫昼伏夜出，对黑光灯趋性强，对糖醋液也有趋性。卵散产于两果相并处和枝叶遮盖的果面或梗洼上，卵期 7 天左右。幼虫世代重叠严重，尤以第一、二代重叠常见，以第二代为害重。

(4)防治要点

①**农业防治** 冬、春季节彻底清理树上、树下干僵果及园内枯枝落叶和刮除翘裂的树皮,清除果园周围的玉米、高粱、向日葵、蓖麻等遗株深埋或烧毁,消灭越冬幼虫及蛹。

②**诱杀成虫** 成虫发生期在果园内点黑光灯或放置糖醋液诱杀成虫。

③**种植诱集作物诱杀** 根据桃蛀螟对玉米、高粱、向日葵趋性强的特性,在果园内或四周种植诱集作物,集中诱杀。一般每667平方米种植玉米、高粱或向日葵20~30株。

④**药剂防治** 掌握在桃蛀螟第一、二代成虫产卵高峰期的6月20日至7月30日间喷药,施药3~5次。叶面喷洒90%晶体敌百虫800~1 000倍液,或20%氰戊菊酯乳油1 500~2 000倍液,或2.5%溴氰菊酯乳油2 000~3 000倍液,或50%辛硫磷乳剂1 000倍液等。

2. 桃小食心虫有哪些特征? 为害特点是什么? 怎样防治?

桃小食心虫属鳞翅目蛀果蛾科。又名桃蛀果蛾、桃小实虫、桃蛀虫、桃小食蛾、桃姬食心虫。简称"桃小",俗称"豆沙馅"、"枣蛆"。全国各石榴产区均有分布。为害果实。

(1)为害特点 幼虫从果实胴部蛀入,蛀孔流出泪珠状果胶,不久干涸,蛀孔愈合成一小黑点略凹陷。幼虫入果后在果内乱窜,排粪于其中,俗称"豆沙馅",遇雨极易造成烂果。

(2)形态鉴别 成虫:体灰褐或灰白色。雌虫体长7~8毫米,翅展16~18毫米;雄虫体长5~6毫米,翅展13~15毫米。前翅近前缘中部处有一近三角形的黑色大斑,后翅灰色;触角丝状。卵:深红色,竖椭圆形或桶形,以底部黏附在果实上,端部环生2~3圈"Y"形生长物。幼虫:体长13~16毫米,幼龄体色黄白或白色、成龄桃红色。蛹:体长 6.5～8.6 毫米,淡黄白色至黄褐色。茧:越冬茧扁圆,长约 6 毫米;夏茧纺锤形,长约 13 毫米。均由幼虫吐丝缀合细土粒而成。

(3)发生特点　年发生 1～2 代,以老熟幼虫在土内结冬茧越冬。翌年 5 月上中旬越冬幼虫开始出土,6～7 月份越冬成虫羽化。成虫昼伏夜出,无趋光性和趋化性。成虫产卵于果实上,卵期 8 天左右。初孵幼虫蛀入果内为害,第一代幼虫为害期为 6 月下旬至 8 月份,幼虫老熟后咬一个圆孔,爬出孔口直接落地结茧化蛹继续发生第二代或入土结茧越冬。脱果幼虫多集中于树干基部背阴面距树干 0.3～1 米范围内、深度 3 厘米左右的土层内结冬茧越冬。

(4)防治要点

①诱捕器诱杀　应用桃小性信息激素橡胶芯载体,制成水碗式诱捕器悬挂在果园内,诱杀雄蛾。

②农业防治　于 5 月份以前在树干周围 1 米范围内培以 30 厘米厚的土并踩实,或覆盖农膜,将越冬幼虫和羽化成虫闷死于土内,雨季及时扒去培土,以防烂根。

③地面药剂防治　于幼虫出土期,在距树干 1 米范围内施药治虫,每 667 平方米用 50%辛硫磷颗粒剂 5～7.5 千克或 50%辛硫磷乳剂 0.5 升与 50 千克细沙土混合均匀撒入树冠下,或 50%辛硫磷乳油 800 倍液对树冠下土壤喷雾。施药后需将地面用齿耙搂耙几次、深 5～10 厘米,使药、土混合,提高防治效果。

④树上药剂防治　在卵临近孵化时,喷洒 2.5%溴氰菊酯乳油 3 000 倍液,或 20%氰戊菊酯乳油 3 000 倍液,或 10%氯氰菊酯乳油 2 000 倍液,或 40%辛硫磷乳油 1 000 倍液等。

3. 井上蛀果斑螟有哪些特征? 为害特点是什么? 怎样防治?

井上蛀果斑螟属鳞翅目螟蛾科。2001 年,在云南省建水县多个石榴园中首次发现。另据报道,该虫分布于我国河北、甘肃和贵州省,是国内新记录种。为害果实。

(1)**为害特点**　幼虫蛀入石榴果实内为害,导致果实内充满虫粪,极易引起裂果和腐烂。落果率一般在30%以上,重者80%~90%。使果实失去食用价值。

(2)**形态鉴别**　成虫:体长9~12毫米。前翅长三角形、长8~10毫米,翅面灰黑色,翅前缘有一白色条斑、从翅基部直达外缘,白斑中有一个小黑斑,内、外侧有2条斜线;后翅为棕灰色,较前翅色淡,上部深灰色,翅脉颜色较深,近翅缘区色更深,翅缘毛较前翅色淡;触角鞭节细丝状;腹部背面浅褐色,每一腹节后面边缘有灰白色鳞片;腹部腹面灰白色,基部2节深褐色(图11-1)。

图11-1　井上蛀果斑螟成虫示意

(3)**发生特点**　卵多散产于石榴的花萼、萼筒及果梗周围或石榴表面粗糙部,少数2~4粒直线排列。幼虫孵化后蛀入果内,采食石榴籽粒的外皮和幼嫩籽核。幼虫向果外排出褐色颗粒粪便,1个果内可有5~10条幼虫。蛹期7~8天。从卵到成虫约需30天。成虫在田间周年可见,世代重叠。在建水县,3~4月份为石榴开花期,越冬虫大量羽化,交配、产卵。5~8月份果实生长期,孵化的幼虫钻入石榴果实取食、为害。9~10月份幼虫在石榴果实内老熟或化蛹。11月份至翌年2月份石榴树休眠期,该虫也以蛹或老熟幼虫在落地虫果中越冬。酸石榴品种较甜石榴受害重。树龄50年以上的老树受害重于10年以下的树。

(4)**防治要点**　该虫因蛀果为害,孵化后在果外停留时间较短,一般杀虫剂无法触及杀死害虫,较难防治。

①严格检疫　重视该虫的入侵,积极采取预防措施,防止其扩散为害。

②抓好全年防治　尤其在冬眠期要彻底清除园内病残果集中销毁,消灭越冬虫源。

③利用天敌防治　将园中清出的病虫果用小网眼纱网覆盖,待天敌飞出到新的寄主后再销毁虫果。利用天敌控制该虫的发生。

④药剂防治　防治关键期为成虫产卵高峰期和卵孵化前后。可参考桃蛀螟防治方法。

4.苹果蠹蛾有哪些特征? 为害特点是什么? 怎样防治?

苹果蠹蛾属鳞翅目小卷叶蛾科。又名食心虫。分布于新疆维吾尔自治区全境和甘肃省敦煌。是对内对外重要检疫对象。为害苹果、石榴、桃、杏、梨等果实。

(1)为害特点　幼虫蛀食果实,多从果实胴部蛀入,深达果心食害籽粒,虫粪排至果外,有时成串挂在果上,造成大量落果。

(2)形态鉴别　成虫:体长约 8 毫米,翅展 19～20 毫米,全体灰褐色,略带紫色金属光泽;前翅臀角大斑深褐色、具 3 条青铜色条纹,翅基部褐色、略成三角形、杂有颜色较深的波状斜行纹,翅中部淡褐色、杂有褐色斜纹。卵:椭圆形,径 1.2 毫米左右。幼虫:体长 14～18 毫米,淡红色或红色。蛹:长 7～10 毫米。

(3)发生特点　年发生 2～3 代,以老熟幼虫结茧在树皮缝隙、分枝处和各种包装材料上越冬。在伊宁地区各代成虫发生期为:越冬代为 5～6 月份,第一代为 7～8 月份,第二代为 9 月份。成虫昼伏夜出,有趋光性。成虫羽化后不久即可产卵,卵多散产于果树上层果实及叶片上,卵期 5～25 天。初孵幼虫多从果实梗洼处蛀入。石榴多从萼筒处、香梨从萼洼处蛀入。幼虫期 30 天左右,幼虫可转果为害。天敌有广赤眼蜂等。

(4)防治要点

①加强检疫　对疫区出境的苹果、石榴、桃、杏、梨等果实及包装物,严格检疫,严防该虫传播。

②农业防治　保持果园清洁,随时清理地下落果;冬、春季刮刷老树皮,并用石灰水涂干,消灭越冬幼虫;树干基部束草把或破布,诱集幼虫入内化蛹捕杀之。

③药剂防治　在卵临近孵化时,喷洒 2.5％溴氰菊酯乳油 3 000 倍液,或 20％哒嗪硫磷乳油 1 000 倍液,或 20％氰戊菊酯乳油 3 000 倍液,或 10％氯氰菊酯乳油 2 000 倍液等。

5. 石榴巾夜蛾有哪些特征?为害特点是什么?怎样防治?

石榴巾夜蛾属鳞翅目夜蛾科。除新疆、西藏自治区未见报道外,其他各石榴产区均有分布。为害石榴叶。

(1)为害特点　初龄幼虫啃食嫩叶和新芽,随虫龄增大蚕食叶片,仅残留主脉。虫口密度大时,整株石榴叶片几乎被吃光。成虫 9 月上旬为害葡萄严重,为葡萄的重要吸果害虫。

(2)形态鉴别　成虫:体长 18～20 毫米,翅展 43～48 毫米,头、胸、腹部褐色或黄褐色;触角丝状;前翅褐色,内线至中线有一灰白色带,上面有棕色细点,亚端线清晰,有一锯齿状纹,亚端线至端线间灰褐色,内侧色较深,顶角有 2 个黑褐色斑;后翅棕赭色,从前缘中部至后缘中部有一条灰白色直带,外缘附近呈灰褐色。卵:馒头形,直径 0.65～0.7 毫米,灰色至灰绿色。幼虫:初龄幼虫体长 1.6～6.5 毫米,黑色,体表有棕色成分。老熟幼虫体长 43～60毫米,第一、第二腹节常弯曲成桥状;头部灰褐色;体背面茶褐色,满布黑褐色不规则斑点;第八腹节背面有 2 个毛突隆起,黑色;胸足 3 对,紫红色;腹足 4 对,有发达的吸盘;臀足向后突出发达;体腹面淡赭色,腹外侧茶褐色,有黑斑点。蛹:长 15～24 毫米,宽 5～6 毫米,黑褐色。茧:粗糙,灰褐色(彩图 14)。

(3)发生特点 北京市及黄淮地区年发生 4～5 代,西安市年发生 2～3 代。均以蛹在土中越冬。4～5 代地区,翌年 4 月份至 5 月上中旬越冬蛹羽化为成虫,幼虫在 5 月中下旬发生;第二代幼虫发生在 6 月下旬至 7 月中旬;第三代幼虫发生在 8 月上旬至 8 月下旬;第四代幼虫发生在 8 月下旬至 9 月中旬,部分幼虫化蛹越冬;第五代幼虫发生在 9 月上旬,持续为害至 10 月底老熟化蛹。成虫寿命 7～18 天,昼伏夜出,有趋光性。单雌产卵 90 粒左右,卵多散产在嫩枝叶腋间、皮缝中或叶片背面。卵期 4～8 天。初孵幼虫取食枝梢的嫩叶和嫩枝的皮。幼虫体色与石榴树皮近似,白天虫体伸直紧伏在枝条背阴处不易发现,夜间活动取食。幼虫行动姿势相似于尺蠖蛾幼虫,遇振动能吐丝下垂。非越冬幼虫老熟化蛹于枝干交叉或大的树皮裂缝等处。蛹期 4～6 天。9 月末 10 月底老熟幼虫下树,在树干附近土中化蛹越冬。天敌有麻雀、大山雀、黄眉柳莺、中华抚蛛、迷宫漏斗蛛、螳螂等。

(4)防治要点 ①农业防治。落叶至萌芽前的 11 月份至翌年 3 月间,在树干周围挖捡越冬虫蛹或翻耕园地,利用低温和鸟食消灭越冬蛹。幼虫发生期人工捕捉喂食家禽。②成虫发生期利用黑光灯诱杀。③保护利用天敌防治。④药剂防治。在卵孵化盛期和低龄幼虫期喷洒 90%晶体敌百虫 800～1 000 倍液,或 50%辛硫磷乳油 1 500～2 000 倍液,或 2.5%溴氰菊酯乳油 2 000 倍液等。

6. 榴绒粉蚧有哪些特征? 为害特点是什么? 怎样防治?

榴绒粉蚧属同翅目粉蚧科。又名紫薇绒蚧、石榴绒蚧、石榴毡蚧。全国除新疆、西藏未见报道外,其他各石榴产区均有发生。为害枝、芽、叶、果。

（1）**为害特点**　以成虫和若虫吸食幼芽、嫩枝和果实、叶片汁液，削弱树势。绒蚧的分泌物易诱发煤污病，使枝叶变黑、叶片脱落、枯死。

（2）**形态鉴别**　成虫：成龄雌成虫体外具白色卵圆形伪介壳，由毡绒状蜡毛织成。其背面纵向隆起。介壳下虫体棕红色、卵圆形，体背隆起，体长 1.8～2.2 毫米。雄成虫紫褐色至红色，体长约 1 毫米。前翅半透明、后翅呈小棍棒状，腹末有性刺及 2 条细长的白色蜡质尾丝。卵：初产淡粉红色渐至紫红色，椭圆形，长约 0.3 毫米。若虫：椭圆形，体扁平、长约 0.4 毫米，初孵淡黄褐色、渐变成淡紫色。蛹：长椭圆形，长 1 毫米左右，紫红色，包于白色毡绒状伪介壳中。

（3）**发生特点**　黄淮产区年发生 3 代，以第三代若虫于 11 月上旬在枝干皮缝、翘皮下及枝杈等处越冬。翌年 4 月上中旬越冬若虫雌雄分化，5 月上旬雌成虫开始产卵，单雌产卵 100～150 粒，卵产于伪介壳内，卵期 10～20 天，孵化后从介壳中爬出为害。第一代若虫发生在 6 月上中旬；第二、三代若虫分别发生在 7 月中旬、8 月下旬，世代重叠。天敌有跳小蜂、姬小蜂、七星瓢虫等。冬季低温、7～8 月份降水大而急、阴雨天多、天敌数量大不利其发生。

（4）**防治要点**

①农业防治　冬、春季用硬毛刷子细刮树皮，刷除树皮缝隙中的越冬若虫，集中烧毁或深埋。

②生物防治　有条件地区可人工饲养和释放天敌瓢虫、跳小蜂和姬小蜂等防治。

③药剂防治　于各代若虫发生高峰期叶面喷洒 0.9％阿维菌素乳油 6 000 倍液，或 25％噻嗪酮可湿性粉剂 2 000 倍液，或 5％顺式氰戊菊酯乳油 1 500 倍液，或 20％辛·甲氰乳油 3 000 倍液等。

7. 棉蚜有哪些特征？为害特点是什么？怎样防治？

棉蚜属同翅目蚜虫科。俗称蜜虫、腻虫、雨旱。全国各石榴产区均有分布。为害蕾、花、芽、叶。

(1)为害特点 以成、若蚜群集花蕾、幼芽、嫩叶吸食为害，致嫩芽、叶卷曲，花器官萎缩，并排出大量黏液玷污叶面，易引发煤污病。

(2)形态鉴别 成虫：无翅雌蚜体长 1.5～1.9 毫米，夏季大多黄绿色，春、秋季大多深绿色、黑色或棕色；腹部背面几乎无斑纹；腹管黑色，圆筒形，全体被有蜡粉。有翅雌蚜体长 1.2～1.9 毫米，体黄色、浅绿色或深绿色，腹部背面有时有 2～3 条间断的黑色横带，两侧有 3～4 对黑斑；腹管黑色，圆筒形。卵：椭圆形，长 0.49～0.69 毫米，初产橙黄色渐变为漆黑色。若蚜：夏季淡黄色，秋季灰黄色；有翅若蚜翅芽后半部灰黑色，体较无翅若蚜细瘦。

(3)发生特点 年发生 20～30 代。以卵在石榴、花椒、木槿枝条上越冬。翌年 4 月份开始孵化并为害，5 月下旬后迁至花生、棉花上继续繁殖为害；至 10 月上旬又迁回石榴、花椒等木本植物上，繁殖为害一个时期后产生有性蚜，交尾产卵于枝条上越冬。棉蚜在石榴树上为害时间主要在 4～5 月份及 10 月份，6～9 月份主要为害农作物。天敌有七星瓢虫、食蚜蝇等。

(4)防治要点

①保护和利用天敌 在蚜虫发生为害期间，七星瓢虫等天敌对蚜虫有一定的控制作用，施药防治要注意保护天敌。当瓢、蚜比为 1∶100～200，或蝇、蚜（食蚜）比为 1∶100～150 时可不施药，充分利用天敌的自然控制作用。

②人工防治 在秋末冬初刮除蚜虫寄主翘裂树皮，清除园内枯枝落叶及杂草，消灭越冬蚜虫。

③药剂防治 发芽前的 3 月末 4 月初，以防治越冬有性蚜和

卵为主,以降低当年繁殖基数。在果树生长期的防治关键时间为4月中旬至5月下旬,其中4月25日和5月10日两个发生高峰前后施药尤为重要,可喷洒20％氰戊菊酯乳油1500～2000倍液,或40％乙酰甲胺磷乳油1200倍液,或2.5％溴氰菊酯乳油2500～3000倍液,或5.7％氟氯氰菊酯乳油3000倍液,或40％辛硫磷乳油1000倍液等。

8. 黄刺蛾有哪些特征？为害特点是什么？怎样防治？

黄刺蛾属鳞翅目刺蛾科。又名刺蛾、洋辣子、八角罐、八角虫、羊蜡罐、白刺毛等。分布于全国各石榴产区。为害芽、叶。

(1)为害特点 低龄幼虫群集叶背面啃食叶肉,幼虫稍大后把叶食成网状。随虫龄增大则分散取食,将叶片吃成缺刻,仅留叶柄和叶脉,重者吃光全树叶片。

(2)形态鉴别 成虫:体长13～16毫米,翅展30～34毫米;头和胸部黄色,腹背黄褐色;前翅内半部黄色,外半部为褐色,有两条暗褐色斜线,在翅尖上汇合于一点,呈倒"V"字形。内面一条伸到中室下角,为黄色与褐色的分界线。卵:椭圆形,黄绿色。幼虫:体长16～25毫米,头小,胸腹部肥大、呈长方形,似幼儿的娃娃鞋,黄绿色;体背有一两端粗中间细的哑铃形紫褐色大斑和许多突起枝刺。蛹:椭圆形,长12毫米,黄褐色。茧:灰白色,质地坚硬,茧壳上有几道褐色长短不一的纵纹,形似雀蛋(彩图15)。

(3)发生特点 年发生2代,以老熟幼虫在树枝上结茧越冬。翌年5月上旬化蛹,5月中下旬至6月上旬羽化,成虫趋光性强,产卵于叶背面,数十粒连成一片;6月中下旬幼虫孵化,初孵幼虫喜群集为害,数头幼虫白天头向内形成环状静伏于叶背。6月下旬至7月上中旬幼虫老熟后固贴在枝条上,结茧化蛹。7月下旬出现第二代幼虫,为害至9月初结茧越冬。天敌主要有上海青蜂和黑小蜂等。

(4)防治要点

①农业防治 冬、春季剪除冬茧集中烧毁,消灭越冬幼虫。

②生物防治 摘除冬茧时,识别青蜂(冬茧上端有一被寄生蜂产卵时留下的小孔)选出保存,翌年放入果园自然繁殖寄杀虫茧。喷洒每克含 1 亿个活孢子的杀螟杆菌或青虫菌 6 号悬浮剂防治。

③药剂防治 幼虫为害初期喷洒 90%晶体敌百虫,或 50%敌敌畏乳油 800～1 000 倍液,或 40%辛硫磷乳油 1 200 倍液,或 50%杀螟硫磷乳油 1 000 倍液,或 20%氰戊菊酯乳油 2 500 倍液,或 25%灭幼脲悬浮剂 2 000 倍液,或 2.5%溴氰菊酯乳油 3 000～4 000 倍液等。

9. 白眉刺蛾有哪些特征? 为害特点是什么? 怎样防治?

白眉刺蛾属鳞翅目刺蛾科。又名杨梅刺蛾。分布于全国各石榴产区。为害芽、叶。

(1)为害特点 幼虫为害叶片,低龄幼虫啃食叶肉,稍大者把叶片食成缺刻或孔洞,重者仅留主脉。

(2)形态鉴别 成虫:体长 8 毫米,翅展 16 毫米左右,前翅乳白色、端部具浅褐色浓淡不均的云状斑。幼虫:体长 7 毫米左右,扁椭圆形、绿色,体背部隆起呈龟甲状。头褐色、很小,缩于胸前。体上无明显刺毛,体背生 2 条黄绿色纵带纹、纹上具小红点。蛹:长 4.5 毫米,近椭圆形。茧:长 5 毫米,圆桶形,灰褐色。

(3)发生特点 年发生 2～3 代,以老熟幼虫在树杈或叶背结茧越冬。翌年 4～5 月份化蛹,5～6 月份羽化成虫,7～8 月份进入幼虫为害期,成虫昼伏夜出,有趋光性。卵块产于叶背,每块有卵 8 粒左右,卵期 7 天,低龄幼虫在叶背取食,留下半透明的上表皮。随虫龄增大,把叶食成缺刻或孔洞。重者食完全叶。8 月下旬幼虫老熟,结茧越冬。

(4)防治要点 同黄刺蛾。

10. 丽绿刺蛾有哪些特征? 为害特点是什么? 怎样防治?

丽绿刺蛾属鳞翅目刺蛾科。又名绿刺蛾。分布于全国各石榴产区。为害芽、叶。

(1)为害特点 以幼虫蚕食叶片,低龄幼虫群集叶背食叶成网状。重者食净叶肉,仅剩叶柄。

(2)形态鉴别 成虫:体长10~17毫米,翅展35~40毫米,触角雄蛾双栉齿状、雌蛾基部丝状;头顶、胸背绿色,腹部灰黄色;前翅绿色,肩角处有1块深褐色尖刀形基斑,外缘具深棕色宽带;后翅浅黄色,外缘带褐色。卵:扁平椭圆形,长径约1.5毫米,浅黄绿色。幼虫:体长25~27毫米,初龄时黄色,稍大转为粉绿色;从中胸至第八腹节各有4个瘤状突起,上生有黄色刺毛丛,第一腹节背面的毛瘤各有3~6根红色刺毛;腹部末端有4丛球状黑色刺毛;背中央具暗绿色带3条,两侧有浓蓝色点线。蛹:椭圆形,长约13毫米,黄褐色。茧:椭圆形,长约15毫米,暗褐色、坚硬。

(3)发生特点 年发生2代,以老熟幼虫在树干上结茧越冬。翌年4月下旬至5月上旬化蛹,第一代成虫于5月末至6月上旬羽化,第一代幼虫于6~7月份发生。第二代成虫8月中下旬羽化,第二代幼虫于8月下旬至9月份发生至10月上旬在树干上结茧越冬。成虫有强趋光性,卵产于叶背,数十粒成块。初孵幼虫常7~8头群集取食,稍大后分散为害。幼虫体上的刺毛丛含有毒腺,人体皮肤接触后常因毒液进入皮下而肿胀奇痛,故有"洋辣子"之称。天敌有爪哇刺蛾寄蝇等。

(4)防治要点

①农业防治 冬、春季清洁果园消灭树枝上的越冬茧。

②捕杀初龄幼虫 及时摘除初孵幼虫群集为害的叶片消灭之。注意勿使虫体接触皮肤。

③药剂防治 幼虫初孵期喷药防治,参阅黄刺蛾防治方法。

11. 青刺蛾有哪些特征? 为害特点是什么? 怎样防治?

青刺蛾属鳞翅目刺蛾科。又名褐边绿刺蛾、褐缘绿刺蛾、四点刺蛾、曲纹绿刺蛾,幼虫俗称洋辣子。分布于全国各石榴产区。为害芽、叶。

(1)为害特点 低龄幼虫取食叶的下表皮和叶肉,留下上表皮,致叶片呈不规则黄色斑块、大龄幼虫食叶成孔洞和缺刻,重者吃光全叶、仅留主脉。

(2)形态鉴别 成虫:体长 16 毫米,翅展 38～40 毫米;触角雄蛾栉齿状,雌蛾丝状;头、胸、背绿色,胸背中央有一棕色纵线,腹部灰黄色;前翅绿色,基部有暗褐色大斑,外缘为灰黄色宽带;后翅灰黄色。卵:扁椭圆形,长 1.5 毫米,黄白色。幼虫:体长 25～28 毫米,初龄黄色,稍大黄绿色至绿色,中胸至第八腹节各有 4 个瘤状突起,上生青色刺毛束,腹末有 4 个毛瘤丛生蓝黑球状刺毛;背线绿色,两侧有深蓝色点。蛹:椭圆形,长 13 毫米,黄褐色。茧:椭圆形,长 16 毫米,暗褐色、坚硬。

(3)发生特点 年发生 1～3 代,以前蛹于茧内在树干基部浅土层或枝干上越冬。1 代区 6 月上中旬至 7 月中旬越冬成虫羽化,6 月下旬至 9 月份幼虫发生为害、8 月份为害最重,8 月下旬后幼虫陆续结茧越冬。2 代区 5 月中旬越冬代成虫羽化,第一代幼虫 6～7 月份发生,第一代成虫 8 月中下旬羽化;第二代幼虫 8 月下旬至 10 月中旬发生,10 月上旬幼虫结茧越冬。成虫昼伏夜出,有趋光性。卵多产于叶背主脉附近,数十粒呈鱼鳞块状排列,卵期 7 天左右。幼龄群集,稍大后分散。天敌有紫姬蜂和寄生蝇。

(4)防治要点

①生物防治　秋、冬季摘虫茧,放入细纱笼内,保护和引放寄生蜂。低龄幼虫期每 667 平方米用每克含孢子 100 亿个的白僵菌粉 0.5～1 千克,在雨湿条件下喷雾防治效果好。

②农业防治　幼虫群集为害期人工捕杀,注意手不要碰到幼虫毒毛。利用黑光灯诱杀成虫。

③药剂防治　幼虫发生期及时喷洒 90％晶体敌百虫,或 80％敌敌畏乳油,或 50％马拉硫磷乳油,或 50％杀螟硫磷乳油等 1 000～1 200 倍液,或 50％辛硫磷乳油 1 500 倍液,或 10％联苯菊酯乳油 3 000 倍液,或 2.5％鱼藤酮粉剂 300～400 倍液等。

12. 扁刺蛾有哪些特征? 为害特点是什么? 怎样防治?

扁刺蛾属鳞翅目刺蛾科。又名黑点刺蛾、黑刺蛾。分布于全国各石榴产区。为害芽、叶。

(1)为害特点　初孵幼虫群集叶背啃食叶肉致使叶片仅留透明的上表皮。随虫龄增大,食叶成空洞和缺刻,重者食光叶片。

(2)形态鉴别　成虫:体长 13～18 毫米,翅展 28～35 毫米;体暗灰褐色,腹面及足色较深;触角雌丝状、雄羽状;前翅灰褐稍带紫色,中室外侧有 1 条明显的暗斜纹(雄蛾中室上角有 1 个黑点),自前缘近顶角处向后缘斜伸;后翅暗灰褐色。卵:扁平椭圆形,长 1.1 毫米,淡黄绿至灰褐色。幼虫:体长 21～26 毫米、宽 16 毫米,体扁、椭圆形,背部稍隆起,形似龟背;全体绿色、黄绿色或淡黄色,背线白色;体边缘有 10 个瘤状突起,其上生有长刺毛,第四节背面两侧各有 1 个红点。蛹:长 10～15 毫米,近椭圆形,乳白至黄褐色。茧:椭圆形,长 12～16 毫米,紫褐色。

(3)发生特点　年发生 1～3 代,以老熟幼虫在树下 3～6 厘米土层内结茧以前蛹越冬。1 代区 6 月上旬羽化、产卵,6 月中旬至

9月上中旬幼虫发生为害。2～3代区5月中旬至6月上旬羽化；第一代幼虫5月下旬至7月中旬发生；第二代幼虫7月下旬至9月中旬发生；第三代幼虫9月上旬至10月份发生，均以老熟幼虫入土结茧越冬。卵多散产于叶面上，卵期7天左右。低龄幼虫啃食叶肉，留下一层表皮，大龄幼虫取食全叶，虫量多时，常从枝的下部叶片吃至上部，每枝仅存顶端几片嫩叶。

(4)防治要点

①农业防治　冬、春季耕翻树盘，利用低温和鸟类捕食消灭土中越冬的虫茧。

②生物防治　喷洒青虫菌6号悬浮剂1000倍液，杀虫保叶。

③药剂防治　卵孵化盛期和低龄幼虫期喷洒30%杀虫双水剂1500～2000倍液，25%除虫脲可湿性粉剂2000倍液，50%辛硫磷乳油或45%马拉硫磷乳油1000～1200倍液，5%顺式氰戊菊酯乳油2000倍液等。

13. 大袋蛾有哪些特征？为害特点是什么？怎样防治？

大袋蛾属鳞翅目袋蛾科。又名蓑衣蛾、大蓑蛾、避债蛾、布袋蛾、大背袋虫、大窠蓑蛾。除新疆维吾尔自治区未见报道外，其他各石榴产区均有发生。为害芽、叶。

(1)为害特点　幼虫吐丝缀叶成囊，隐藏其中。头伸出囊外取食叶片及嫩芽，啃食叶肉留下表皮。重者成孔洞、缺刻，直至将叶片吃光。

(2)形态鉴别　成虫：雌蛾无翅，体长12～16毫米、蛆状，头小、褐色，胸腹部黄白色；胸部弯曲，腹部大，第四至七腹节周围生有黄色茸毛；雄蛾有翅，体长11～15毫米，翅展22～30毫米，体和翅深褐色，胸、腹部密被鳞毛；触角羽状；前翅翅脉两侧色深，在近翅尖处沿外缘有近方形透明斑1个，外缘近中央处又有长方形透明斑 1 个。卵:椭圆形,长约 0.8 毫米,豆黄色。幼虫:体长 16~26 毫米;头黄褐色,具黑褐色斑纹,胸腹部肉黄色,背面中央略带紫褐色;胸部背面有褐色纵纹 2 条,每节纵纹两侧各有褐斑 1 个。腹部各节背面有黑色突起 4 个,排列成"八"字形。蛹:雌蛹体长14~18 毫米,纺锤形,褐色;雄蛹体长约 13 毫米,褐色,腹末稍弯曲。护囊:枯枝色,橄榄形,成长幼虫的护囊雌虫的长约 30 毫米,雄的长约 25 毫米,囊系以丝缀结叶片、枝皮碎片及长短不一的枝梗而成,枝梗不整齐地纵列于囊的最外层(彩图 16)。

(3)发生特点　黄淮产区年发生 1 代,以幼虫在护囊内悬挂于枝上越冬。4 月 20 日至 5 月 25 日越冬幼虫化蛹。5 月 30 日至 6 月 3 日成虫羽化产卵,卵期 15~18 天,卵孵化盛期在 6 月 20~25 日。幼虫孵化后从旧囊内爬出再结新囊,爬行时护囊挂在腹部末端,头胸露在外取食叶片,直至越冬。天敌有大腿小蜂、脊腿姬蜂和寄生蝇等。

(4)防治要点

①**生物防治**　喷洒大袋蛾多角体病毒(NPV)和苏云金杆菌(Bt),防治效果好;保护利用天敌。

②**农业防治**　发现虫袋及时摘除,碾压或烧毁。

③**药剂防治**　在 7 月 5~20 日前后,幼虫低龄期、虫囊长约 1 厘米左右时喷洒 90%晶体敌百虫 1 000 倍液,或 50%敌敌畏乳油1 200 倍液,或 5%氟氯氰菊酯乳油 2 000~2 500 倍液,或 20%辛·甲氰乳油 3 000 倍液,或 50%辛硫磷乳油 1 200 倍液等。

14. 茶蓑蛾有哪些特征? 为害特点是什么? 怎样防治?

茶蓑蛾属鳞翅目蓑蛾科。又名小窠蓑蛾、小蓑蛾、小袋蛾、茶袋蛾、避债蛾、茶背袋虫。分布于全国各石榴产区。为害叶、芽、果皮。

(1)**为害特点** 幼虫在护囊中咬食叶片、嫩梢或剥食枝干、果实皮层,造成局部光秃。该虫喜集中为害。

(2)**形态鉴别** 成虫:雌蛾体长 12~16 毫米,足退化,无翅、蛆状,体乳白色;头小、褐色;腹部肥大,体壁薄,能看见腹内卵粒。雄蛾体长 11~15 毫米,翅展 22~30 毫米、体翅暗褐色;触角双栉齿状;胸部、腹部具鳞毛;前翅翅脉两侧色略深,外缘中前方具近正方形透明斑 2 个。卵:椭圆形,0.8 毫米×0.6 毫米,浅黄色。幼虫:体长 16~28 毫米,头黄褐色,胸部背板灰黄白色;背侧具褐色纵纹 2 条,胸节背面两侧各具浅褐色斑 1 个;腹部棕黄色,各节背面均有"八"字形黑色小突起 4 个。蛹:雌蛹纺锤形,长 14~18 毫米,深褐色;雄蛹深褐色,长 13 毫米。护囊:纺锤形,枯枝色。成长幼虫的护囊,雌的长约 30 毫米,雄的约 25 毫米。囊系以丝缀结叶片、枝条碎片及长短不一的枝梗而成,枝梗整齐地纵裂于囊的最外层。

(3)**发生特点** 年发生 1~2 代(台湾 2~3 代)。以幼虫在枝叶上的护囊内越冬。翌春 3 月份越冬幼虫开始取食,5 月中下旬化蛹,6 月上旬至 7 月中旬成虫羽化并产卵、卵期 12~17 天。第一代幼虫 6~8 月份发生且为害重,幼虫期 50~60 天。第二代幼虫 9 月份出现,为害至落叶越冬。幼虫孵化后先取食卵壳,后爬上枝叶或飘至附近枝叶上,吐丝黏缀碎叶营造护囊并开始取食。天敌有蓑蛾疣姬蜂、松毛虫疣姬蜂、桑蟥疣姬蜂、大腿蜂、小蜂等。

(4)**防治要点**

①农业防治 发现虫囊及时摘除,集中烧毁。

②生物防治 注意保护利用寄生蜂等天敌昆虫。喷洒每克含 1 亿个活孢子的杀螟杆菌或青虫菌 6 号悬浮剂防治。

③药剂防治 掌握在幼虫初孵期喷洒 90% 晶体敌百虫或 50% 杀螟硫磷乳油 1 000 倍液,或 80% 敌敌畏乳油 1 200 倍液,或 2.5% 溴氰菊酯乳油 2 000 倍液,或 10% 溴氰菊酯乳油 1 500 倍液等。

15. 白囊蓑蛾有哪些特征？为害特点是什么？怎样防治？

白囊蓑蛾属鳞翅目蓑蛾科。又名白囊袋蛾、白蓑蛾、白袋蛾、白避债蛾、棉条蓑蛾、橘白蓑蛾。分布于全国各石榴产区。为害芽和叶。

(1)为害特点 幼虫在护囊中咬食叶片、嫩梢或剥食枝干、果实皮层，造成寄主植物光秃。

(2)形态鉴别 成虫：雌虫体长9～16毫米，蛆状，体黄白色至浅黄褐色微带紫色；头小，触角小；各胸节及第一、二腹节背面具有光泽的硬皮板，其中央具褐色纵线；体腹面至第七腹节各节中央皆具紫色圆点1个，第三腹节后各节有浅褐色丛毛，腹部肥大；尾端瘦小似锥状。雄蛾体长6～11毫米，体浅褐色、密被白长毛；触角羽状；翅展18～21毫米，翅白色透明、后翅基部有白色长毛。卵：椭圆形，长0.8毫米，浅黄至鲜黄色。幼虫：体长25～30毫米、黄白色，头部橙黄色至褐色，上具暗褐色至黑色云状点纹；胸节背面硬皮板褐色，上有黑色点纹；第八、九腹节背面具褐色大斑，臀板褐色；有胸足和腹足。蛹：黄褐色，雌体长12～16毫米，雄体长8～11毫米。蓑囊：灰白色，长圆锥形，长27～32毫米，丝质紧密，表面无枝和叶附着。

(3)发生特点 年发生1代，以低龄幼虫于蓑囊内在枝干上越冬。翌春寄主发芽展叶期幼虫开始为害，6月份老熟化蛹，6月下旬至7月份羽化。雌虫仍在蓑囊里，雄虫飞来交配，产卵在蓑囊内。卵期12～13天。幼虫孵化后爬出蓑囊，爬行或吐丝下垂分散传播，在枝叶上吐丝结新蓑囊，常数头在叶上群居食害叶肉。随幼虫生长，蓑囊渐大，幼虫活动时携囊而行，取食时头胸部伸出囊外，受惊扰时缩回囊内，经一段时间取食便转至枝干上越冬。天敌有寄生蝇、姬蜂、白僵菌等。

(4)防治要点

①农业和生物防治　发现蓑囊及时摘除,保护利用天敌。

②药剂防治　幼虫低龄期,虫囊长约 1 厘米时,喷洒 90% 晶体敌百虫或 50% 敌敌畏乳油或 2% 氟丙菊酯乳油 1 000 倍液,或 20% 氰戊菊酯乳油或 5% 顺式氰戊菊酯乳油 3 000 倍液,或 5% 氟氯氰菊酯乳油 2 000～2 500 倍液,或 20% 辛·甲氰乳油 3 000 倍液等。

16. 樗蚕蛾有哪些特征? 为害特点是什么? 怎样防治?

樗蚕蛾属鳞翅目大蚕蛾科。又名樗蚕、柏蚕、乌柏樗蚕蛾。分布于华北、黄淮、华南、西南石榴产区。为害芽、叶。

(1)为害特点　幼虫食叶和嫩芽,轻者食叶成缺刻或孔洞,严重时把全树叶片吃光。

(2)形态鉴别　成虫:体长 25～30 毫米,翅展 110～130 毫米;体青褐色,头部四周、腹部背面为白色;腹部背面各节有白色斑纹 6 对;前翅褐色,前翅顶角圆而突出、粉紫色,具有黑色眼状斑、斑的上边为白色弧形;前后翅中央各有一个较大的新月形斑,新月形斑上缘深褐色、中间半透明、下缘土黄色,外侧具一条纵贯全翅的宽带、宽带中间粉红色,外侧白色,内侧深褐色,基角褐色,其边缘有一条白色曲纹。卵:灰白色至淡黄白色,扁椭圆形,长约 1.5 毫米。幼虫:幼龄幼虫淡黄色、有黑色斑点,中龄后全体被白粉、青绿色;老熟幼虫体长 55～75 毫米,体粗大,头、胸部具对称蓝绿色略向后倾斜的棘状突起,突起之间有黑色小点;胸足黄色,腹足青绿色,端部黄色。茧:口袋状或橄榄形,长约 50 毫米,上端开口,用丝缀叶而成,土黄色或灰白色;茧柄长 40～130 毫米,常以一张寄主的叶包着半边茧。蛹:棕褐色椭圆形,长 26～30 毫米,径粗 14 毫米(彩图 17)。

（3）**发生特点**　北方年发生 1～2 代,南方年发生 2～3 代,以蛹在茧内越冬。河南中部越冬蛹于 4 月下旬开始羽化为成虫,成虫有趋光性,远距离飞行可达 3 000 米以上。成虫寿命 5～10 天。单雌产卵 300 粒左右,卵块状产在寄主的叶背和叶面上,卵期 10～15 天。第一代幼虫在 5 月份发生,历期 30 天左右。初孵幼虫群集为害,稍大后逐渐分散。在枝叶上由下而上,昼夜取食。幼虫老熟后即在树上缀叶结茧,树上无叶时则下树在地被物上结褐色粗茧化蛹,蛹期 50 多天。7 月底、8 月初第一代成虫羽化产卵。9～11 月份第二代幼虫发生为害,以后陆续结厚茧化蛹越冬。幼虫天敌有绒茧蜂、喜马拉雅姬蜂、稻苞虫黑瘤姬蜂、樗蚕黑点瘤姬蜂等。

（4）**防治要点**

①**人工捕捉**　人工摘除卵块或直接捕杀幼虫喂食家禽,摘下的茧可用于巢丝和榨油。

②**灯光诱杀**　成虫发生期,用黑光灯诱杀。

③**生物防治**　保护和利用天敌。

④**药剂防治**　卵孵化前后和低龄幼虫期,喷洒 50%辛硫磷乳油或 80%敌敌畏乳油 1 000 倍液,5%氯氰菊酯乳油或 2.5%溴氰菊酯乳油或 20%辛·甲氰乳油 2 000 倍液,辛·甲氰加辛硫磷各半 1 500 倍液,施药 24 小时后其防治效果均为 100%;不同剂型的鱼藤酮防治效果也很好;也可用 20%敌敌畏熏烟剂,每 667 平方米 0.5～0.7 千克,防治幼龄幼虫效果好。

17. 桉树大毛虫有哪些特征? 为害特点是什么? 怎样防治?

桉树大毛虫属鳞翅目枯叶蛾科。俗称摇头媳妇。主要分布于江西、福建、广东、四川省及其周边石榴产区。为害桉树、石榴等果树嫩芽和叶。

（1）**为害特点** 幼虫取食嫩芽和叶片，常吃成缺刻和空洞。严重时仅残留叶脉和叶柄，甚至把叶片全部吃光。

（2）**形态鉴别** 成虫：雌蛾体长38～45毫米，翅展84～116毫米；触角丝状，灰白色，长10～15毫米；胸腹部长圆筒形，身体粗笨；体翅褐色，密布厚鳞，胸背两侧各生一块咖啡色盾形斑，后胸背面和前翅翅基具灰黄色斑点，前翅中室端部生一椭圆形灰白色大斑，后翅浅褐色。雄蛾体稍小，触角基部羽状，体翅赤褐色，前翅中室端部生一长圆形白斑，翅外隐现4条深色斑纹。卵：长1.8～2.2毫米，椭圆形，灰色。幼虫：末龄幼虫体长45～136毫米、粗大，体背半圆形，腹面平，有灰白色、黄褐色、黑褐色3种；体背具不规则黑色网状纹，体被刺毛；胸、腹两侧气门下肉瘤上各生一束长毛，中后胸背面各生黑毛刷。蛹：长27～35毫米，黑褐色或暗褐色，有光泽。

（3）**发生特点** 四川省会理年发生1～2代，以茧蛹越冬。盛蛾期分别为3月份和7月份。卵多块产在树冠上部突出的枝条上，单块125～955粒。卵期8～14天。幼虫6～7龄，历期85～123天，成长幼虫每晚可食10片左右石榴叶。7月第一代幼虫为害盛期；第二代幼虫在石榴采收后才进入盛发期，常给下年开花、结果造成很大影响。幼虫白天爬至大枝或主干背面静伏，体色与树皮色近同，难以发现。老熟幼虫在枝杈、杂草丛、砖石缝结纺锤形丝茧化蛹、越冬。天敌有梳胫节腹寄蝇等。

（4）**防治要点**

①**农业防治** 冬、春季彻底清除园内枯叶杂草，翻耕园地，消灭越冬茧蛹。

②**人工捕杀成虫** 成虫发生及产卵期刮除枝干上卵块，捕捉枝干上栖息幼虫喂食家禽。

③**药剂防治** 卵孵化盛期叶面喷洒90%晶体敌百虫1 200倍液，或50%杀螟硫磷乳油1 000倍液，或20%氰戊菊酯乳油

1 500～2 000 倍液,或 5.7%氟氯氰菊酯乳油 3 000 倍液,或 2.5%溴氰菊酯乳油 2 500～3 000 倍液,或 40%辛硫磷乳油 1 000 倍液等。并注意防治二代幼虫。

18. 茶长卷叶蛾有哪些特征? 为害特点是什么? 怎样防治?

茶长卷叶蛾属鳞翅目卷蛾科。又名茶卷叶蛾、后黄卷叶蛾、褐带长卷蛾、茶淡黄卷叶蛾、柑橘长卷蛾。分布于华东、华南、西南各石榴产区。为害芽、叶。

(1)为害特点 初孵幼虫缀结叶尖,潜居其中取食上表皮和叶肉,残留下表皮,致卷叶呈枯黄薄膜斑。大龄幼虫食叶成缺刻或孔洞。

(2)形态鉴别 成虫:雌体长 10 毫米,翅展 23～30 毫米,体浅棕色;触角丝状;前翅近长方形,浅棕色,翅尖深褐色,翅面散生许多深褐色细纹;后翅肉黄色,扇形,前缘、外缘茶褐色。雄体长 8 毫米,翅展 19～23 毫米。前翅黄褐色,基部中央、翅尖深褐色,前缘中央具一黑褐色圆形斑,前缘基部具一深褐色近椭圆形突出;后翅浅灰褐色。卵:扁平椭圆形,长 0.8 毫米,浅黄色。幼虫:体长 18～26 毫米,体黄绿色,头黄褐色,前胸背板近半圆形、褐色,两侧下方各具 2 个黑褐色椭圆形小角质点,胸足色暗。蛹:长 11～13 毫米,深褐色。

(3)发生特点 浙江、安徽年发生 4 代,以幼虫蛰伏在卷苞里越冬。翌年 4 月下旬成虫羽化产卵。第一代卵期 4 月下旬至 5 月上旬,幼虫期在 5 月中旬至 5 月下旬,成虫期在 6 月份。二代卵期在 6 月份,幼虫期 6 月下旬至 7 月上旬,成虫期在 7 月中旬。7 月中旬至 9 月上旬发生第三代。9 月上旬至翌年 4 月份发生第四代。成虫昼伏夜出,有趋光性、趋化性,卵多产于老叶正面。初孵幼虫在幼嫩芽叶内吐丝缀结叶尖潜居其中取食,老熟后多离开原虫苞重新缀结 2 片老叶在其中化蛹。天敌有松毛虫赤眼蜂、小蜂、茧蜂、寄生蝇等。

(4)防治要点

①农业防治　冬、春季剪除虫枝,清除枯枝落叶和杂草,减少虫源。发生期及时摘除卵块、虫果及卷叶团,集中消灭。

②生物防治　在第一、二代成虫产卵期释放松毛虫赤眼蜂,每代放蜂 3～4 次,5～7 天 1 次,每 667 平方米每次放蜂量 2.5 万头。

③药剂防治　每代卵孵化盛期喷洒青虫菌每克含 100 亿个孢子 1 000 倍液,可混入 0.3% 的茶枯或 0.2% 的中性洗衣粉提高防效;或喷洒白僵菌 300 倍液,90% 晶体敌百虫或 50% 杀螟硫磷乳油 1 000 倍液,2.5% 氯氟氰菊酯乳油 2 000～3 000 倍液,10% 联苯菊酯乳油 1 500 倍液等。

19. 金毛虫有哪些特征? 为害特点是什么? 怎样防治?

金毛虫属鳞翅目毒蛾科。又名桑斑褐毒蛾、纹白毒蛾、桑毒蛾、黄尾毒蛾、黄尾白毒蛾等。分布于全国各石榴产区。为害芽、叶和幼果及果皮。

(1)**为害特点**　初孵幼虫群集叶背面取食叶肉,仅留透明的上表皮,稍大后分散为害,将叶片吃成大的缺刻。重者仅剩叶脉,并啃食幼果和果皮。

(2)**形态鉴别**　成虫:雌体长 14～18 毫米,翅展 36～40 毫米;雄体长 12～14 毫米,翅展 28～32 毫米;全体及足白色;触角双栉齿状;雌、雄蛾前翅近臀角处有褐色斑纹,雄蛾前翅在内缘近基角处还有一个褐色斑纹。卵:直径 0.6～0.7 毫米,淡黄色,上有黄色绒毛。幼虫:体长 26～40 毫米,头黑褐色,体黄色,背线红色;体背面有一橙黄色带,带中央贯穿一红褐间断的线;前胸背面两侧各有一红色瘤,其余各节背瘤黑色,瘤上生黑色长毛束和白色短毛。蛹:长 9～11.5 毫米。茧:长 13～18 毫米,椭圆形,淡褐色(彩图18)。

(3)**发生特点** 年发生2～6代,以幼虫结灰白色薄茧在枯叶、树杈、树干缝隙及落叶中越冬。2代区翌年4月份开始为害春芽及叶片。1、2、3代幼虫为害高峰期主要在6月中旬、8月上中旬和9月上中旬,10月上旬前后开始结茧越冬。成虫昼伏夜出,产卵于叶背,形成长条形卵块,卵期4～7天。每代幼虫历期20～37天。幼虫有假死性。天敌主要有黑卵蜂、矮饰苔寄蝇、桑毛虫绒茧蜂等。

(4)**防治要点**

①**农业防治** 冬、春季刮刷老树皮,清除园内外枯叶杂草,消灭越冬幼虫。在低龄幼虫集中为害时,摘叶灭虫。

②**生物防治** 掌握在2龄幼虫高峰期,喷洒多角体病毒每毫升含 15 000 颗粒的悬浮液,每 667 平方米喷 20 升。

③**药剂防治** 幼虫分散为害前及时喷洒 2.5％溴氰菊酯乳油或 20％氰戊菊酯乳油 3 000 倍液,或 10％联苯菊酯乳油 4 000～5 000 倍液,或 52.25％蜱・氯乳油 2 000 倍液,或 50％辛硫磷乳油 1 000 倍液,或 10％吡虫啉可湿性粉剂 2 500 倍液等。

20. 茸毒蛾有哪些特征? 为害特点是什么? 怎样防治?

茸毒蛾属鳞翅目毒蛾科。又名苹毒蛾、苹红尾蛾、纵纹毒蛾。分布于全国各石榴产区。为害芽、叶。

(1)**为害特点** 幼虫食量大,为害时间长,食叶成缺刻或孔洞。局部地区易大发生,为害重。

(2)**形态鉴别** 成虫:雄蛾翅展 35～45 毫米、雌蛾翅展 45～60 毫米,头、胸部灰褐色,触角栉齿状,腹部灰白色;雄蛾前翅灰白色,有黑色及褐色鳞片;后翅白色带黑褐色鳞片和毛。卵:扁圆形,浅褐色。幼虫:体长45~52毫米,体浅黄色至淡紫红色;体腹面浅黑色;体背各节生有黄色毛瘤,上面簇生浅黄色长毛;第一至四腹节背面各具一簇黄色刷状毛;第一、二腹节背面的节间有一深黑色大斑;第八腹节背面有一束向后斜伸的棕黄色至紫红色毛;幼虫具假死性。蛹:浅褐色。

(3)**发生特点** 年发生1~3代,以蛹越冬。翌年4月下旬羽化,1代幼虫5月份至6月上旬发生,2代幼虫6月下旬至8月上旬发生,3代幼虫8月中旬至11月中旬发生,越冬代蛹期约6个月。黄淮产区2、3代发生重。卵块产在叶片和枝干上,每块卵20~300粒。幼虫历期20~50天,老熟幼虫将叶卷起结茧。天敌主要有毒蛾黑瘤姬蜂、蚂蚁、食虫蝽类等。

(4)**防治要点**

①**农业防治** 冬、春季清除园内枯枝落叶集中销毁,消灭越冬虫源。

②**药剂防治** 卵孵化盛期至低龄幼虫期,叶面喷洒25%灭幼脲悬浮剂2 000倍液,或90%晶体敌百虫1 000倍液,或25%溴氰菊酯乳油2 000倍液,或20%氰戊菊酯乳油1 500~2 000倍液,或50%辛硫磷乳油1 200倍液等。

21. 绿尾大蚕蛾有哪些特征?为害特点是什么?怎样防治?

绿尾大蚕蛾属鳞翅目大蚕蛾科。又名燕尾水青蛾、水青蛾、长尾月蛾、绿翅天蚕蛾。除新疆、西藏自治区未见报道外,其他各石榴产区均有分布。为害叶。

(1)**为害特点** 低龄幼虫食叶成缺刻或空洞,稍大幼虫吃光全叶仅留叶柄。由于虫体大、食量大,发生严重时,吃光全树叶片。

(2)**形态鉴别** 成虫:雄蛾体长35~40毫米,翅展100~110毫米;雌蛾体长40~45毫米,翅展120~130毫米;体被浓厚白色绒毛,体腹面近褐色;触角黄色羽状。雌蛾翅粉绿色,雄蛾翅色较浅、泛米黄色;前翅前缘具白、紫、棕黑三色组成的纵带1条;前后翅中室末端各具椭圆形眼斑1个;后翅臀角长尾状突出,长40毫米左右。卵:球形稍扁,直径约2毫米,灰白色至紫褐色。幼虫:1～2龄幼虫黑色,3龄幼虫全体橘黄色,4龄开始渐变嫩绿色。老熟幼虫体长80～110毫米,体绿色、粗壮,近结茧化蛹时变为茶褐色;体节近六角形,着生肉状突毛瘤。毛瘤上具白色刚毛和褐色短刺,毛瘤顶红,基部棕黑色。体腹面黑色。茧:灰白色丝质粗糙。长卵圆形,长50～55毫米、粗25～30毫米。茧外常有寄主叶裹着。蛹:长45～50毫米,紫褐色(彩图19)。

(3)发生特点 年发生2～4代,在树上结茧化蛹越冬。北方果产区越冬蛹4月中旬至5月上旬羽化并产卵,卵期10～15天,第一代幼虫5月上中旬孵化,老熟幼虫6月上中旬开始化蛹。第一代成虫6月下旬至7月初羽化产卵,卵期8～9天;第二代幼虫7月上旬孵化,至9月底老熟幼虫结茧化蛹。成虫昼伏夜出,有趋光性。卵堆产,每堆有卵几粒至二三十粒。1、2龄幼虫有集群性,较活跃;3龄以后逐渐分散,食量增大,行动迟钝。幼虫老熟后贴枝吐丝缀结多片叶在其内结茧化蛹。越冬茧多在树干下部分叉处。天敌有赤眼蜂等。

(4)防治要点

①**农业防治** 冬、春季清除果园枯枝落叶和杂草,摘除越冬虫茧销毁;生长季节人工捕杀幼虫,设置黑光灯诱杀成虫。

②**生物防治** 保护利用天敌,赤眼蜂在室内对卵的寄生率达84%～88%。

③**药剂防治** 卵孵化前后和幼虫3龄前喷药防治效果最佳,4龄后由于虫体增大用药效果差。可喷洒50%杀螟硫磷乳油1 500倍液,或50%辛硫磷乳油1 200倍液,或25%除虫脲胶悬剂、10%联苯菊酯乳油1 000倍液,或10%乙氰菊酯乳油800～1 000倍

液等。

22. 核桃瘤蛾有哪些特征？为害特点是什么？怎样防治？

核桃瘤蛾属鳞翅目瘤蛾科。又名核桃毛虫。分布于华北、黄淮、西北及周边石榴产区。为害核桃、石榴等果树芽和叶。

(1)**为害特点**　偶发型暴食性害虫,以幼虫食害核桃和石榴叶片,7、8月份为害最重,几天内可将叶片吃光,致使果树二次发芽,导致树势衰弱,抗寒力降低,翌年大批枝条枯死。

(2)**形态鉴别**　成虫:雌虫体长 9～11 毫米,翅展 21～24 毫米;雄虫体长 8～9 毫米,翅展 19～23 毫米;全体灰褐色,微有光泽;触角,雌丝状,雄羽毛状;前翅前缘基部及中部有 3 个隆起的鳞簇,基部的 1 个色较浅、中部的 2 个色较深,组成了两块明显的黑斑;从前缘至后缘有 3 条由黑色鳞片组成的波状纹,后缘中部有一褐色斑纹。卵:扁圆形,直径 0.4～0.5 毫米,初产白色渐变至褐色。幼虫:体长 12～15 毫米;4 龄前体色黄褐,老熟时背面棕黑色、腹面淡黄褐色、体形短粗而扁;胸部和腹部第一至九节背面有毛瘤每节 8 个,其上着生长短毛数根;在胸部背面及腹部第四至七节背面有白条纹;胸足 3 对,腹足 3 对,臀足 1 对。蛹:体长 8～10 毫米,黄褐色,椭圆形。茧:长圆形,丝质细密,浅黄白色。

(3)**发生特点**　年发生 2～3 代,以蛹在土、石块下、树皮裂缝及树干周围杂草落叶中越冬。在有石堰的地方,石堰缝中多达97％以上。越冬代成虫于 5 月下旬至 7 月中旬羽化,成虫对黑光灯光趋性强。单雌产卵 70～260 粒,卵单粒散产在叶背、叶腋处。第一代卵盛期在 6 月中旬,第二代卵盛期为 8 月上旬末,卵期 5～7 天。幼虫 3 龄前常 1～3 头在叶背及叶腋处黏叶取食叶肉;3 龄后转移为害,可食掉全叶。夜间取食最烈,树冠外围及上部受害重。幼虫期 18～27 天。幼虫老熟后下树结茧化蛹。第一代幼虫于 7 月下旬老熟下树,有少数在树皮裂缝中及枝杈处结茧化蛹,蛹期 9～10 天;第二代幼虫于 9 月上中旬老熟,全部下树化蛹越冬,越冬蛹期 9 个月左右。

(4)防治要点

①**农业防治** 冬、春季彻底清除园内枯枝落叶,翻耕园地,消灭越冬蛹。

②**灯光诱杀** 成虫发生期用黑光灯大面积联防诱杀。

③**束草诱杀** 利用老熟幼虫下地化蛹的习性在树干绑草诱杀。绑草以麦秸绳效果最好,青草效果差。

④**药剂防治** 在卵孵化前后和低龄幼虫期,喷洒 90% 晶体敌百虫、50%杀螟硫磷乳油 1 000～1 500 倍液,或 5.7%氟氯氰菊酯乳油 3 000 倍液,或 2%氟丙菊酯乳油 1 500～2 000 倍液,或 20%氰戊菊酯乳油 2 000～3 000 倍液等。

23. 石榴小爪螨有哪些特征? 为害特点是什么? 怎样防治?

石榴小爪螨属真螨目叶螨科。又名石榴红蜘蛛、石榴叶螨。分布于浙江、四川、海南、江西、广西等省、自治区及其周边石榴产区。为害芽和叶。

(1)为害特点 以成、若螨在叶面吸食汁液为害,严重时叶背也有。主要聚集在主脉两侧。卵壳在被害部位呈现一层银白色蜡粉。被害叶上的螨量,由数头数百头不等。叶片先出现褪绿斑点,进而扩大成斑块,叶片黄化、质变脆,提早落叶。

(2)形态鉴别 成螨:雌成螨卵圆形,长 0.41～0.43 毫米,宽 0.29～0.32 毫米;紫红色,体侧具褐斑;背毛刚毛状,共 13 对;腹刺 4 对。雄螨体菱形,长 0.38～0.41 毫米,宽 0.22～0.25 毫米;红褐色;腹部末端略尖。

(3)发生特点 早春和初冬雌、雄比为 10～15∶1。其卵在江

西省弋阳属兼性滞育,卵滞育后变成紫红色。环境条件适宜时,卵色才逐渐变浅,并很快孵化。每天 12 小时光照,6℃～10℃条件下发育成的雌螨,所产滞育卵占 75%～90%;22℃条件下,滞育卵仅占 32%。滞育卵多数产在叶背边缘和主脉两侧。该螨生长发育起始温度为 7.9℃。天敌有食螨瓢虫和钝绥螨。连续暴雨可导致螨量急剧下降。

(4)防治要点

①保护和引放天敌 害螨达到每叶平均 2 头以下时,每株释放捕食性钝绥螨 200～400 头,放后 45 天可控制害螨为害。当捕食螨与石榴小爪螨虫口达到 1∶25 左右时,在无喷药伤害的情况下,有效控制期在半年以上。

②药剂防治 害螨发生初期叶面喷洒 20%双甲脒可湿性粉剂 1 000～2 000 倍液,或 20%哒螨灵可湿性粉剂 2 000～3 000 倍液,或 5%苯螨特乳油 1 500～2 000 倍液,或 20%吡螨胺乳油 2 500～3 000 倍液,或 1.2%苦参碱乳油或 1.2%烟·参碱乳油 800～1 000 倍液等。冬、春季喷洒 3～5 波美度石硫合剂或洗衣粉 200～300 倍液等。

24. 麻皮蝽有哪些特征? 为害特点是什么? 怎样防治?

麻皮蝽属半翅目蝽科。又名黄霜蝽、黄斑蝽、麻皮椿象、臭屁虫。分布于全国各石榴产区。为害叶。

(1)为害特点 成、若虫刺吸寄主植物的嫩茎、嫩叶和果实汁液。叶片和嫩茎被害后出现黄褐色斑点,叶脉变黑,叶肉组织颜色变暗,重者导致叶片提早脱落、嫩茎枯死;果实被害,果面呈现黑色麻点。

(2)形态鉴别 成虫:体长 18～24.5 毫米,体宽 8～11.5 毫米,密布黑色点刻,背部棕褐色;前胸背板、小盾片、前翅革质部布有不规则细碎黄色凸起斑纹;前翅膜质部黑色;腹面黄白色;头部稍狭长,前尖。触角 5 节黑色丝状。卵:近鼓状,顶端具盖,白色。若虫:初龄若虫胸、腹背面有许多红、黄、黑相间的横纹;2 龄若虫腹背前面有 6 个红黄色斑点,后面中间有一椭圆形褐色凸起斑;老熟若虫与成虫相似,红褐或黑褐色,触角 4 节黑色;前胸背板中部及小盾片两侧角具 6 个淡红色斑点;腹背中部具暗色斑 3 个,上各有淡红色臭腺孔 2 个。

(3)发生特点 年发生 1 代,以成虫于草丛或树洞、树皮裂缝及枯枝落叶下、墙缝、屋檐下越冬。翌春果树发芽后开始活动,5~7 月份交配产卵。卵多产于叶背,数粒或数十粒黏在一起,卵期约 10 天。5 月中旬见初孵若虫,7~8 月份羽化为成虫,为害至深秋,10 月份开始越冬。成虫飞行力强,喜在树冠上部活动,有假死性,受惊时分泌臭液。

(4)防治要点

①**农业防治** 冬、春季清除园地枯叶杂草,集中烧毁或深埋。成、若虫为害期,掌握在成虫产卵前,于清晨振落捕杀。

②**药剂防治** 成虫产卵期和若虫期喷洒 25%溴氰菊酯乳油 2 000 倍液,或 10%联苯菊酯乳油 1 000~1 500 倍液,或 30%乙酰甲胺磷乳油 600~1 000 倍液,或 10%乙氰菊酯乳油 800~1 000 倍液等。

25. 茶翅蝽有哪些特征? 为害特点是什么? 怎样防治?

茶翅蝽属半翅目蝽科。又名臭木椿象、臭木蝽、茶色蝽。除新疆、西藏自治区未见报道外,其余各石榴产区均有分布。为害叶、芽和果实。

(1)为害特点 成、若虫刺吸叶、嫩梢及果实汁液,致植株生长变弱,果实表面出现黑色斑点。

（2）**形态鉴别** 成虫：体长 12～16 毫米,体宽 6.5～9 毫米,扁椭圆形,淡黄褐至茶褐色,略带紫红色,前胸背板、小盾片和前翅革质部有黑褐色刻点,前胸背板前缘横列 4 个黄褐色小点,小盾片基部横列 5 个小黄点;腹部侧接缘为黑黄相间。卵：圆筒形,直径约0.7 毫米,灰白色至黑褐色。若虫：初孵体长 1.5 毫米左右,近圆形;腹部淡橙黄色,各腹节两侧节间各有一长方形黑斑,共 8 对;腹部第三、五、七节背面中部各有一个较大的长方形黑斑;老熟若虫与成虫相似,无翅。

（3）**发生特点** 年发生 1 代,以成虫在空房、屋角、檐下、树洞、土缝、石缝及草堆等处越冬。5 月上旬陆续出蛰活动,6 月上旬至8 月份产卵,多块产于叶背,每块 20～30 粒。卵期 10～15 天,6 月中下旬为卵孵化盛期,7 月上旬出现若虫,8 月中旬至 9 月下旬为成虫盛期。成虫和若虫受到惊扰或触动时,即分泌臭液逃逸。天敌有椿象黑卵蜂、稻蝽小黑卵蜂等。

（4）**防治要点**

①保护利用天敌 5～7 月份为该虫天敌寄生蜂成虫羽化和产卵期,果园应避免使用触杀性杀虫剂;果园外围栽榆树作为防护林,可保护椿象黑卵蜂到林带内椿象卵上繁殖。

②农业防治 冬、春季捕杀越冬成虫。发生期随时摘除卵块及时捕杀初孵群集若虫。

③药剂防治 于成虫产卵期和低龄若虫期喷洒 48% 毒死蜱乳油 2 000 倍液,或 20% 氰戊菊酯乳油 3 000 倍液,或 50% 丙硫磷乳油 1 000 倍液,或 5% 氟虫脲乳油 1 000～1 500 倍液等。

26. 中华金带蛾有哪些特征？为害特点是什么？怎样防治？

中华金带蛾属鳞翅目带蛾科。俗称黑毛虫。分布于黄淮地区和湖南、湖北、云南、贵州、四川等省及其周边石榴产区。是近年新发现的一种果树害虫,也是石榴树的主要食叶害虫。

(1)为害特点 幼虫食害叶片,轻者把叶片啃食成许多孔洞和缺刻,重者把叶片吃光并啃食嫩芽、树皮和果皮。

(2)形态鉴别 成虫:雌蛾全体金黄色,体长 22～28 毫米,翅展 67～88 毫米;触角丝状深黄色;胸及翅基密生长的鳞毛;翅宽大,前翅顶角有不规则的赤色长斑、长斑下具 2 枚圆斑,翅面上有5～6 条断续的赤色波状纹;后翅中间有 5～6 枚斑点,排列整齐,斑列外侧有 3 枚大的斑点,顶角区大小各 1 枚,相距较近;后缘区有 4 条波状纹。雄蛾体长 20～27 毫米,翅展 58～82 毫米,体翅具金黄色;触角羽毛状,黄褐色;胸部具金黄色鳞毛,腹部黄褐色;前翅顶角区具三角形赤色大斑;亚缘斑为 7～8 枚长形小点,内侧后角有一较大的斑点,整个翅面有 5 条断续的波状纹;后翅的内半部有 4 条断续的波状纵带。卵:圆球状,直径 1.2～1.3 毫米,淡黄色。幼虫:老熟幼虫体长 35～71 毫米,圆筒形,暗褐色;每一腹节背面正中有一"凸"字形黑斑,共 8 个;头黑褐色,体背及两侧每节生有许多小刺,小刺上有束状长短不一的棕色、褐色、灰白色混生长毛。胸足 3 对,尾足 1 对。蛹:纺锤形,黑褐色,长 21～28 毫米,粗 8～9 毫米。茧:长椭圆形,比蛹体大 1/3;棕灰或棕褐色。

(3)发生特点 年发生 1 代,以蛹越冬。7 月初至 8 月下旬成虫羽化。成虫有较强的趋光性,昼伏夜出。成虫寿命 7～10 天,单雌产卵 115～187 粒,卵块产于叶片或嫩枝上,每块上百粒。卵期8～18 天。1～2 龄幼虫成团成排地聚集在叶片背面,幼龄幼虫受惊后具吐丝下垂、随风飘移习性,幼虫行动时后面的跟着前面,首尾相接。3 龄后幼虫食量大增,白天群集潜伏在枝叶或树干背阴和树孔等处,每处少则 10～20 头,多则成百上千头,黄昏后再鱼贯而行向树冠枝叶爬去取食,黎明前又成群下移。随虫龄增大,栖息高度下降到主干基部,一株树上的幼虫常聚集在一处停息。可以转株为害。幼虫共 6 龄,3 龄后腹节背面的"凸"字形黑斑才显现。

幼虫为害期长达 82～95 天。10 月下旬至 11 月上旬老熟,在树洞、树皮裂缝处、枯枝落叶、草丛内、石缝、土块下、土洞等处结茧化蛹越冬。幼虫集中危害时间在石榴采果后的 9～10 月份,对树体安全越冬及来年产量影响很大。在湖南的发生比四川早 1 个月左右。天敌有寄生蜂、螳螂等。

(4)防治要点 ①清洁果园。冬、春季彻底清除果园内外的枯枝落叶、杂草、烂果、僵果,深埋或烧毁,消灭越冬蛹。②灯光诱杀。7～8 月份利用黑光灯或其他白炽灯诱杀成虫。③保护利用天敌防治。④人工摘除虫卵。在成虫产卵后及幼虫初孵期,及时摘除有卵和幼虫的叶片。⑤捕捉幼虫。9～10 月份,幼虫白天群集于树干基部或大枝上,很容易发现,可以集中捕捉喂养家禽。⑥药剂防治。掌握卵孵化盛期和低龄幼虫期,及时喷洒 90% 晶体敌百虫800～1 000 倍液,或 50% 辛硫磷乳油 1 200 倍液,或 45% 马拉硫磷乳油 1 200～1 500 倍液,或 50% 杀螟硫磷乳油 1 200～1 500 倍液,或 10% 醚菊酯乳油 1 000 倍液等。

27. 折带黄毒蛾有哪些特征? 为害特点是什么? 怎样防治?

折带黄毒蛾属鳞翅目毒蛾科。又名黄毒蛾、柿黄毒蛾、杉皮毒蛾。除西藏、青海、新疆未见报道外,其他各石榴产区均有分布。为害芽、叶。

(1)为害特点 幼虫食芽、叶,将叶吃成缺刻或孔洞。严重的将叶片吃光,并啃食幼嫩枝条的皮。

(2)形态鉴别 成虫:雌蛾体长 15～18 毫米,翅展 35～42 毫米;雄蛾略小。体黄色或浅橙黄色;触角栉齿状,雄蛾较雌蛾发达;前翅黄色,中部具棕褐色宽横带 1 条,从前缘外斜至中室后缘,折角内斜止于后缘,形成折带,故称折带黄毒蛾;带两侧为浅黄色线镶边,翅顶区具棕褐色圆点 2 个,位于近外缘顶角处及中部偏前;

后翅基部色浅,外缘色深;缘毛浅黄色。卵:半圆形或扁圆形,直径0.5～0.6毫米,淡黄色。幼虫:体长30～40毫米,头黑褐色,上具细毛;体黄色或橙黄色,胸部和第五至十腹节背面两侧各具黑色纵带1条;臀板、第八节至腹末背面为黑色;第一、二腹节背面具长椭圆形黑斑,毛瘤长在黑斑上;各体节上毛瘤暗黄色或暗黄褐色,其中第一、二、八腹节背面毛瘤大而黑色,毛瘤上有黄褐色或浅黑褐色长毛。胸、腹足淡黑色。蛹:长12～18毫米,黄褐色。茧:椭圆形,长25～30毫米,灰褐色。

(3)发生特点 年发生2代,以3～4龄幼虫在树洞或树干基部树皮缝隙、杂草、落叶等杂物下结网群集越冬。翌年春上树为害芽叶。老熟幼虫5月底结茧化蛹,6月中下旬越冬代成虫羽化产卵,卵期14天左右。第一代幼虫7月初孵化,为害到8月底老熟化蛹。第一代成虫9月份羽化,9月下旬出现第二代幼虫,为害到秋末寻找合适场所越冬。成虫昼伏夜出,卵多产在叶背,数十粒至数百粒成块,排列为2～4层,上覆有黄色茸毛。幼虫孵化后多群集叶背为害,并吐丝网群居枝上,老龄时多至树干基部、各种缝隙吐丝群集,多于早晨及黄昏取食。天敌有寄生蝇等20多种。

(4)防治要点 ①农业防治。冬、春季清除园内及四周落叶杂草,刮树皮,树干涂石灰水,杀灭越冬幼虫。②发生季节及时摘除卵块。或在分散为害前摘叶,捕杀群集幼虫。③保护利用天敌,控制害虫发生。④药剂防治。低龄幼虫为害期叶面喷洒80%敌敌畏乳油,或48%毒死蜱乳油、50%杀螟硫磷乳油、50%马拉硫磷乳油1 000～1 200倍液,或2.5%溴氰菊酯乳油、20%氰戊菊酯乳油3 000～3 500倍液,或10%联苯菊酯乳油4 000倍液,或52.25%蜱·氯乳油1 500倍液等。

28. 枣龟蜡蚧有哪些特征? 为害特点是什么? 怎样防治?

枣龟蜡蚧属同翅目蜡蚧科。又名日本蜡蚧、日本龟蜡蚧、龟蜡蚧、龟甲蜡蚧。俗称枣虱子。全国除新疆、西藏自治区未见报道外,其他各石榴产区均有发生。为害枝、叶。

(1)**为害特点** 若虫固贴在叶面上吸食汁液,排泄物布满枝叶,7~8月份雨季易引起大量煤污菌寄生,使叶、枝条、果实布满黑霉,影响光合作用和果实生长。

(2)**形态鉴别** 雌成虫:虫体椭圆形,紫红色,背覆白蜡质介壳、表面有龟状凹纹,体长约3毫米、宽2~2.5毫米。雄成虫:体长1.3毫米,翅展2.2毫米,体棕褐色,头及前胸背板色深,触角丝状;翅1对,白色透明。卵:椭圆形,长径约0.3毫米,橙黄色至紫红色。若虫:体扁平、椭圆形,长0.5毫米,后期虫体周围出现白色介壳。蛹:仅雄虫在介壳下化为裸蛹,梭形,棕褐色。

(3)**发生特点** 年发生1代,以受精雌虫密集在1~2年生小枝上越冬。越冬雌虫4月初开始取食,5月下旬至7月中旬产卵、卵期10~24天。6月中旬至7月上旬孵化,初孵若虫多爬到嫩枝、叶柄、叶面上固着取食。8月初雌雄开始性分化,8月下旬至10月上旬雄虫羽化,交配后即死亡。雌虫陆续由叶转到枝上固着为害,至秋后越冬。卵孵化期间,空气湿度大,气温正常,卵的孵化率和若虫成活率高。天敌有瓢虫、草蛉、长盾金小蜂、姬小蜂等。

(4)**防治要点** 防治关键期是雌虫越冬期和夏季若虫前期。①农业防治。从11月份至翌年3月份刮刷树皮裂缝中的越冬雌成虫,剪除虫枝;冬、春季遇雨雪天气,及时敲打树枝振落冰凌,可将越冬雌虫随冰凌震落。②保护利用天敌。③药剂防治。在6月末7月初,喷洒50%甲奈威可湿性粉剂400~500倍液,或50%敌敌畏乳油1000倍液,或20%辛·甲氰乳油3000~4000倍液等;

秋后或早春喷洒 5％柴油乳剂防效好。

29. 草履蚧有哪些特征？为害特点是什么？怎样防治？

草履蚧属同翅目绵蚧科。又名草履硕蚧、草鞋介壳虫。分布于全国各石榴产区。为害枝、干。

(1)为害特点 若虫和雌成虫刺吸嫩枝芽、叶、枝干和根的汁液，削弱树势，重者至树枯死。

(2)形态鉴别 成虫：雌体长 10 毫米，扁平椭圆，背面隆起似草鞋，体背淡灰紫色，周缘淡黄，体被白蜡粉和许多微毛；触角黑色丝状；腹部 8 节，腹部有横皱褶和纵沟。雄体长 5～6 毫米，翅展 9～11 毫米，头胸黑色，腹部深紫红色，触角黑色念珠状；前翅紫黑至黑色，后翅特化为平衡棒。卵：椭圆形，长 1～1.2 毫米，淡黄褐色。卵囊长椭圆形，白色。若虫：体形与雌成虫相似，体小色深。雄蛹：褐色，圆筒形，长 5～6 毫米。

(3)发生特点 年发生 1 代，以卵和若虫在土缝、石块下或 10～12 厘米土层中越冬。卵于 2 月份至 3 月上旬孵化为若虫并出土上树，初多于嫩枝、幼芽上为害，行动迟缓，喜于树皮缝、枝杈等隐蔽处群栖，稍大喜于较粗的枝条阴面群集为害；雌若虫 5 月中旬至 6 月上旬羽化，为害至 6 月份陆续下树入土分泌卵囊，产卵于其中，以卵越夏越冬。天敌有红环瓢虫、暗红瓢虫等。

(4)防治要点 ①雌成虫下树产卵前在树干基部挖坑，内放杂草等诱集产卵，后集中处理。②若虫上树前将树干老翘皮刮除 10 厘米宽 1 周，上涂胶或废机油，10～15 天涂 1 次，共涂 2～3 次。注意及时清除环下的若虫。树干光滑者可直接涂。③保护利用天敌防治。④药剂防治。若虫发生期喷洒 48％毒死蜱乳油 1 500 倍液，或 50％辛硫磷乳油 1 000 倍液，或 2.5％溴氰菊酯乳油 2 000 倍液，或 5％顺式氰戊菊酯乳油 2 000～3 000 倍液。7～10 天 1

次,连续防治 3～4 次。

30. 斑衣蜡蝉有哪些特征? 为害特点是什么? 怎样防治?

斑衣蜡蝉属同翅目蜡蝉科。又名椿皮蜡蝉、斑衣、樗鸡、红娘子等。分布于全国多数石榴产区。为害叶、枝。

(1)为害特点 成、若虫刺吸枝、叶汁液,排泄物常诱发煤污病、削弱树势,严重时引起茎皮枯裂,甚至死亡。

(2)形态鉴别 成虫:体长 15～20 毫米,翅展 39～56 毫米(雄较雌小),基色暗灰泛红,体翅上常覆白蜡粉;头顶向上翘起呈短角状,触角刚毛状、红色;前翅革质,基部 2/3 淡灰褐色、散生 20 余个黑点,端部 1/3 暗褐色,脉纹纵向整齐明显;后翅基部 1/3 红色,上有 6～10 个黑褐色斑点,中部白色半透明,端部黑色。卵:长椭圆形,长 3 毫米左右,状似麦粒。若虫:体扁平,头尖长,足长;1～3 龄体黑色,布许多白色斑点;4 龄体背面红色,布黑色斑纹和白点;末龄体长 6.5～7 毫米。

(3)发生特点 年发生 1 代,以卵块于枝干上越冬。翌年 4～5 月份孵化。若虫喜群集嫩茎和叶背为害。若虫期约 90 天,6 月下旬至 7 月份羽化。9 月份交尾产卵,多产在枝杈处的阴面,每块有卵数十粒,卵粒排列成行,上覆灰白色分泌物。成、若虫均有群集性,较活泼、善跳跃,受惊扰即跳离,成虫则以跳助飞。白天活动为害。成虫寿命达 4 个月,为害至 10 月下旬陆续死亡。

(4)防治要点

①农业防治 冬、春季卵块极好辨认,用硬物挤压卵块灭卵。

②药剂防治 可喷洒无公害生产允许使用的菊酯类、有机磷等及其复配药剂,常用浓度均有较好效果。由于若虫被有蜡粉,所用药液中混用含油量 0.3%～0.4% 的柴油乳剂或黏土柴油乳剂,可显著提高防效。

31. 八点广翅蜡蝉有哪些特征？为害特点是什么？怎样防治？

八点广翅蜡蝉属同翅目广翅蜡蝉科。又名八点蜡蝉、八点光蝉、八斑蜡蝉、橘八点光蝉、咖啡黑褐蛾蜡蝉、黑羽衣、白雄鸡。分布于全国多数石榴产区。为害枝、叶。

(1)为害特点 成、若虫刺吸嫩枝、芽、叶汁液；排泄物易引发病害；雌虫产卵时将产卵器刺入嫩枝茎内，破坏枝条组织。被害嫩枝轻则叶枯黄、长势弱，难以形成叶芽和花芽；重则枯死。

(2)形态鉴别 成虫：体长6～7毫米，翅展18～27毫米，头胸部黑褐色；触角刚毛状；翅革质密布纵横网状脉纹。前翅宽大、略呈三角形，翅面被稀薄白色蜡粉，翅上具灰白色透明斑5～6个；后翅半透明，翅脉煤褐色明显，中室端有1白色透明斑。卵：长卵圆形，长1.2～1.4毫米，乳白色。若虫：低龄乳白色；成龄体长5～6毫米、宽3.5～4毫米，体略呈钝菱形、暗黄褐色。腹部末端有4束白色绵毛状蜡丝、呈扇状伸出，中间一对略长；蜡丝覆于体背以保护身体，常可作孔雀开屏状，向上直立或伸向后方。

(3)发生特点 年发生1代，以卵在当年生枝条里越冬。若虫5月中下旬至6月上中旬孵化，低龄若虫常数头排列于一嫩枝上刺吸汁液为害。4龄后散害于枝梢叶果间，爬行迅速善于跳跃。若虫期40～50天。7月上旬成虫羽化，飞行力较强且迅速，寿命50～70天，为害至10月份。成虫产卵期30～40天，卵产于当年生嫩枝木质部内，产卵孔排成一纵列，孔外带出部分木丝并覆有白色絮状蜡丝，极易发现与识别。成虫有趋聚产卵的习性，虫量大时被害枝上刺满产卵迹痕。

(4)防治要点

①农业防治 冬、春季剪除被害产卵枝集中烧毁，减少翌年虫源。

②**药剂防治**　虫量多时,于6月中旬至7月上旬若虫羽化为害期喷洒48%毒死蜱乳油1 000倍液,或10%吡虫啉可湿性粉剂3 000~4 000倍液,或5%氟氯氰菊酯乳油2 000~2 500倍液等。药液中加入含油量0.3%~0.4%的柴油乳剂或黏土柴油乳剂,可溶解虫体蜡粉显著提高防效。

32. 石榴茎窗蛾有哪些特征? 为害特点是什么? 怎样防治?

石榴茎窗蛾属鳞翅目窗蛾科。又名花窗蛾。分布于全国各石榴产区。为害枝条和幼树。

(1)为害特点　以幼虫蛀害枝条,造成当年生新梢枯死,严重破坏树形结构。重灾果园为害株率达95%以上,为害枝率3%以上。

(2)形态鉴别　成虫:雄蛾较瘦小,体长15毫米,翅展32毫米;雌蛾体较肥大,圆柱形,体长15~18毫米,翅展37~40毫米;翅面黄白色,略有紫色反光。前翅前缘有数条茶褐色短斜线,前翅顶角有一不规则的深茶褐色斑块,下方内陷弯曲呈钩状;臀角有深茶褐色斑块,近后缘有数条短横纹;后翅黄白色,肩角有不规则的深茶褐色斑块,后缘有4条茶褐色横带。腹部黄白色,各节背面有茶褐色横带。卵:瓶形,长0.6~0.65毫米,宽0.3毫米,初产淡黄色渐变为棕褐色。幼虫:幼龄虫淡青黄色,老熟幼虫黄褐色,体长32~35毫米,长圆柱形念珠状,头黑褐色;体节11节;前胸背板发达,后缘有一深褐色月牙形斑;胸足3对,黑褐色;腹足4对,腹部末节坚硬、深褐色,有棕色刚毛20根,背面向下斜截,末端分叉。蛹:长圆形,长15~18毫米,褐色(彩图20)。

(3)发生特点　黄淮产区年发生1代,以幼虫在枝干内越冬。越冬幼虫一般在3月末4月初恢复蛀食为害,5月下旬幼虫老熟化蛹。6月中旬至8月上旬羽化,羽化孔椭圆形。成虫昼伏夜出,寿命 3～6 天。卵多单粒散产于嫩梢顶端 2～3 片叶芽腋处。卵期 13～15 天。7 月上旬开始孵化,幼虫孵化后 3～4 天自芽腋处蛀入嫩梢,沿髓心向下蛀纵直隧道;3～5 天被害嫩梢和叶片发黄,极易发现。排粪孔间距离 0.7～3.7 厘米。1 个枝条蛀食 1～3 头幼虫,一个世代蛀食枝干长达 50～70 厘米。蛀入 1～3 年生幼树或苗木可达根部,致使植株死亡;蛀入成龄树达 3～4 年生枝,破坏树形。当年在茎内蛀食为害至初冬,在茎内休眠越冬。幼虫天敌有寄生蝇等。

(4)防治要点 ①春季石榴树萌芽后剪除未萌芽的枝条(50～80 厘米)集中烧毁,消灭越冬幼虫。②自 7 月初每隔 2～3 天检查树枝 1 次,发现枯萎新梢及时剪除烧毁,消灭初蛀入幼虫。③保护利用天敌。④药剂防治。在卵孵化盛期,喷洒 90%晶体敌百虫 1 000 倍液,或 20%氰戊菊酯乳油 2 000～3 000 倍液,或 10%联苯菊酯乳油 1 500～2 000 倍液等,触杀卵和毒杀初孵幼虫。对蛀入 2～3 年生枝干内的幼虫,用注射器从最下一个排粪孔处注入 500 倍液的晶体敌百虫或 1 000 倍液的联苯菊酯,然后用泥封口毒杀,防治率可达 100%。

33. 豹纹木蠹蛾有哪些特征? 为害特点是什么? 怎样防治?

豹纹木蠹蛾属鳞翅目木蠹蛾科。分布于华东、华中、华南等石榴产区。为害枝、干。

(1)为害特点 幼虫钻蛀枝干,造成枯枝、断枝,严重影响生长。

(2)形态鉴别 成虫:雌体长 27～35 毫米,翅展 50～60 毫米;雄体长 20～25 毫米,翅展 44～50 毫米;全体被白色鳞片,在翅脉间、翅缘和少数翅脉上有许多比较规则的蓝黑色斑,后翅除外缘有蓝黑色斑外,其他部分斑颜色较浅;胸背有排成两行的 6 个蓝黑斑点;腹部每节均有 8 个大小不等的蓝黑色斑,成环状排列。雌虫触角丝状,雄虫触角基半部羽毛状、端部丝状。卵:椭圆形,淡黄色至橘红色。幼虫:体长 40～60 毫米、红色,每体节有黑色毛瘤、瘤上有毛 1～2 根;前胸背板上有黑斑,中央有一条纵走的黄色细线,后缘有一黑褐色突,尾板硬化。蛹:黄褐色,头部顶端有一大齿突(彩图 21)。

(3)发生特点 年发生 1 代,以老熟幼虫在树干内越冬。翌年春枝芽萌发后,再转移到新梢继续蛀食为害。6 月中旬至 7 月中旬羽化交尾产卵,成虫羽化后,蛹壳一半露出孔外,长久不掉。成虫有趋光性。卵产于嫩枝、芽腋或叶上,卵期 15～20 天。幼虫孵化后先从嫩梢上部叶腋蛀入为害,幼虫蛀入后先在皮层与木质部间绕干蛀食木质部一周,因此极易从此处引起风折。幼虫再蛀入髓部,沿髓部向上蛀纵直隧道,隔不远处向外开一圆形排粪孔。被害枝梢 3～5 天内即枯萎,这时幼虫钻出再向下移不远处重新蛀入,经过多次转移蛀食,当年新生枝梢可全部枯死。幼虫为害至秋末冬初,在被害枝基部隧道内越冬。天敌有茧蜂、串珠镰刀菌等。

(4)防治要点

①及时清除、烧毁风折枝 在园地和周围的一些此虫寄主林、果树风折枝中,常有大量幼虫和蛹存在,要及时清除烧毁。

②药剂防治 在成虫产卵和幼虫孵化期喷洒 10%氯氰菊酯乳油 2 000 倍液,或 20%氰戊菊酯乳油 2 500 倍液,或 90%晶体敌百虫 1 000 倍液,或 50%杀螟硫磷乳油 1 500 倍液,或 40%辛硫磷乳油 1 200 倍液等,消灭卵和幼虫。

34. 咖啡木蠹蛾有哪些特征? 为害特点是什么? 怎样防治?

咖啡木蠹蛾属鳞翅目木蠹蛾科。又名咖啡豹蠹蛾、咖啡黑点木蠹蛾。分布于华东、中南及西南等石榴产区。为害枝、干。

(1)**为害特点** 幼虫蛀入枝条嫩梢,致蛀孔以上的枝干枯死,遇风折断。幼树主茎受害后树干短小,易生侧枝。

(2)**形态鉴别** 成虫:雌体长 12～26 毫米,翅展 30～50 毫米;雄虫较雌虫体小;虫体灰白色,具青蓝色斑点;雌虫触角丝状,雄虫触角基半部羽状、端半部丝状;胸部具白色长绒毛,中胸背板两侧有 3 对由青蓝色鳞片组成的圆斑;翅灰白色,翅脉间密布大小不等的青蓝色短斜斑点,外缘有 8 个近圆形的青蓝色斑点;腹部被白色细毛,第三至七节背面及侧面有 5 个青蓝色毛斑组成的横裂,第八腹节背面则几乎为青蓝色鳞片所覆盖。卵:椭圆形,长 0.9 毫米,杏黄色至紫黑色。幼虫:体长 30 毫米左右,红色;头顶、上颚及单皮区域黑色、较硬,后缘有锯齿状小刺一排,中胸至腹部各节有成横排的黑褐色小颗粒状隆起。蛹:长圆筒形,雌蛹长 16～27 毫米,雄蛹长 14～19 毫米,褐色。

(3)**发生特点** 长江流域以北地区年发生 1 代,长江以南年发生 1～2 代。2 代地区,第一代成虫发生期在 5 月上旬至 6 月下旬,第二代在 8 月初至 9 月底。以幼虫在被害枝条的虫道内越冬,翌年 3 月中旬开始取食,4 月中旬至 6 月下旬化蛹。5 月中旬至 7 月上旬成虫羽化,羽化后蛹壳留在羽化孔口长久不落。5 月底果园始见初孵幼虫。成虫昼伏夜出,趋光性弱。卵产于树皮缝、旧虫道内或新抽嫩梢上或芽腋处,单粒散产。卵期 9～15 天。在果园幼虫呈片状分布。幼虫多自嫩梢顶端芽腋处蛀入,虫道向上,蛀孔以上的枝叶凋萎、干枯,并易在蛀孔处折断。数天后幼虫钻出,向下转移仍由芽腋处蛀入,6～7 月间当幼虫转移蛀入 2 年生枝条时,在木质部与韧皮部之间绕枝条蛀一环,枝条很快枯死,幼虫在枯枝内向上取食筑道,每遇大风,被害枝条常在蛀环处折断。幼虫在 10 月下旬停止取食越冬。幼虫天敌有小茧蜂、蚂蚁、串珠镰刀菌和病毒。

(4)**防治要点** ①及时剪除受该虫为害的小枝并烧毁。②保护和利用天敌。小茧蜂在越冬后的幼虫体上可连续繁殖 2 代,在捡拾的有虫枝条内,常有一定数量寄生蜂,将虫枝分捆立于林地内,让蜂自然扩散。待 5 月上旬害虫化蛹后收集虫枝烧毁,消灭虫枝中害虫。③药剂防治。在卵孵化盛期,初孵幼虫蛀入枝、干为害前喷洒 3‰乙酰甲胺磷或 50%杀螟硫磷乳油 1 000~1 500 倍液,或 2%阿维菌素乳油 3 000~4 000 倍液,或 5%氟虫脲乳油 1 500 倍液。在幼虫初蛀入韧皮部时,用 40%毒死蜱柴油液(1∶9)或 50%杀螟硫磷乳油柴油溶液涂虫孔,杀虫率可达 100%。

35. 黑蝉有哪些特征? 为害特点是什么? 怎样防治?

黑蝉属同翅目蝉科。又名蚱蝉,俗名蚂吱嘹、知了、蜘蟟。分布于全国各石榴产区。为害枝条、根系。

(1)**为害特点** 成虫刺吸枝条汁液,并产卵于 1 年生枝条木质部内,造成枝条枯萎而死。若虫生活在土中,刺吸根部汁液,削弱树势。

(2)**形态鉴别** 成虫:雌体长 40~44 毫米,翅展 122~125 毫米;雄体长 43~48 毫米,翅展 120~130 毫米;体黑色有光泽,被金色绒毛;中胸背板宽大,中间高并具有"×"形隆起;翅透明;雄虫腹部有鸣器作"吱"声长鸣,雌虫则无但有听器。卵:长椭圆形,2.5 毫米×0.5 毫米,白色。若虫:初孵乳白色、渐至紫褐色,体长 30~37 毫米;前足开掘式,能爬行。

(3)**发生特点** 经 12~13 年完成 1 代,以卵于被害树枝内及若虫于土中越冬。越冬卵于翌年春孵化,若虫孵化后潜入土壤中 50~80 厘米深处,吸食树木根部汁液,在土中生活 12~13 年。若虫老熟后于 6~8 月份出土羽化,羽化盛期为 7 月份。若虫于夜间出土,高峰时间为 20~24 时,出土后不久即羽化为成虫。成虫寿命 60~70 天,栖息于树枝上,夜间有趋光扑火的习性,白天"吱、吱"鸣叫之声不绝于耳。卵产于当年生嫩梢木质部内,产卵带长达

30 厘米左右,产卵伤口深及木质部,受害枝条干缩翘裂并枯萎。

(4)防治要点

①农业防治 利用若虫出土附在树干上羽化的习性和若虫可食的特点,发动群众于夜晚捕捉食用。成虫发生期于夜间在园内、外堆草点火,同时摇动树干诱使成虫扑火自焚。在雌虫产卵期,及时剪除产卵萎蔫枝梢,集中烧毁。

②药剂防治 产卵后入土前,喷洒 40%辛硫磷乳油,或 45%马拉硫磷乳油,或 50%丙硫磷乳油 1 000～1 200 倍液,或 2.5%溴氰菊酯乳油、10%联苯菊酯乳油 2 000～2 500 倍液,或 25%灭幼脲悬浮剂 1 500～2 000 倍液等。

36. 苹毛丽金龟有哪些特征? 为害特点是什么? 怎样防治?

苹毛丽金龟属鞘翅目丽金龟科。又名苹毛金龟子、长毛金龟子。分布于全国各石榴产区。为害叶、花和地下根系。

(1)**为害特点** 成虫食害嫩叶、芽及花器,幼虫为害地下组织。

(2)**形态鉴别** 成虫:体长 8.9～12.5 毫米,体宽 5.5～7.5 毫米;卵圆形至长圆形,除鞘翅和小盾片外,全体密被黄白色茸毛;头胸部古铜色,有光泽;鞘翅茶褐色,具淡绿色光泽,上有纵列成行的细小点刻;触角鳃叶状 9 节;从鞘翅上可透视出后翅折叠成“V”字形;腹部末端露出鞘翅。卵:椭圆形,长 1.5 毫米,乳白色至米黄色。幼虫:体长约 15 毫米,头黄褐色,体白色略泛黄色,通称蛴螬。蛹:12.5 毫米×6 毫米,黄褐色。

(3)**发生特点** 年发生 1 代,以成虫在土中越冬。翌春 3 月下旬出土为害至 5 月下旬,主要为害蕾花。成虫发生期 40～50 天。4 月中旬至 5 月上旬产卵于土壤中,卵期 20～30 天。5 月底至 6 月初卵孵化。幼虫期 60～80 天。为害地下根系。7 月底至 8 月下旬化蛹。9 月中旬成虫羽化后即在土中越冬。成虫具假死性,喜食花器，一般先为害杏、桃，后转至苹果、石榴上为害。卵多产于9～25厘米且土质疏松的土层中。天敌有红尾伯劳、灰山椒鸟、黄鹂等益鸟和朝鲜小庭虎甲、深山虎甲、粗尾拟地甲及寄生蜂、寄生蝇、寄生菌等。

(4)防治要点 此虫虫源来自多方面，特别是荒地虫量最多，故应以消灭成虫为主。①早、晚张网振落成虫，捕杀之。②保护利用天敌。③地面施药，控制潜土成虫。常用药剂有5％辛硫磷颗粒剂，每667平方米3千克撒施。50％辛硫磷乳油，每667平方米0.3～0.4升加细土30～40千克拌匀成毒土撒施；或稀释成500～600倍液均匀喷于地面。使用辛硫磷后应及时浅耙，提高防效。④树上施药。于果树开花前，喷洒52.25％蝉·氯乳油、50％杀螟硫磷乳油、45％马拉硫磷乳油、48％毒死蜱乳油1 000～1 500倍液，或2.5％溴氰菊酯乳油2 000～3 000倍液，或5％氟虫脲乳油1 200倍液等。

十二、影响石榴商品性生产水平的主要病害防治技术

1. 石榴干腐病有哪些症状？怎样发生的？如何防治？

(1)症状鉴别 在国内各石榴产区均有发生。除危害干枝外，也危害花器、果实，是石榴的主要病害，常造成整枝、整株死亡。干枝发病初期皮层呈浅黄褐色，表皮无症状。以后皮层变为深褐色，表皮失水干裂，变得粗糙不平，与健部区别明显。条件适宜发病部位扩展迅速，形状不规则，后期病部皮层失水干缩、凹陷，病皮开裂，呈块状翘起，易剥离，病症渐深达木质部，直至变为黑褐色，终使全树或全枝逐渐干枯死亡。而花果期于5月上旬开始侵染花蕾，以后蔓延至花冠和果实，直至1年生新梢。在蕾期、花期发病，花冠变褐，花萼产生黑褐色椭圆形凹陷小斑。幼果发病首先在表面发生豆粒状大小不规则浅褐色病斑，逐渐扩大为中间深褐、边缘浅褐的凹陷病斑，再深入果内，直至整个果实变褐腐烂。在花期和幼果期严重受害后造成早期落花落果；果实膨大期至初熟期，则不再落果，而干缩成僵果悬挂在枝梢。僵果果面及隔膜、籽粒上着生许多颗粒状的病原菌体(彩图22)。

(2)发病规律 病原为半知菌类石榴垫壳孢菌。主要以菌丝体或分生孢子在病果、果台、枝条内越冬，其中果皮、果台、籽粒的带菌率最高。翌年4月中旬前后，越冬僵果及果台的菌丝产生分生孢子是当年病菌的主要传播源，发病季节病原菌随雨水从寄主伤口或皮孔处侵入。发病温度为12.5℃～35℃，最适温度为24℃～28℃。雨水和空气相对湿度加速了病原菌的传播危害速

度,空气相对湿度95%以上时孢子萌发率99%;空气相对湿度在90%时萌发率不减,但萌发速度变慢;空气相对湿度小于90%时几乎不萌发。7~8月份在高温多雨及蛀果或蛀干害虫的作用下,加速了病情的发展。树势健壮、管理水平高的果园发病轻,高温高湿、密度大的果园易发病,河南产区蜜露软籽、蜜宝软籽抗病性很好。

(3)防治要点 ①选栽抗病品种。②农业防治。冬、春季节结合消灭桃蛀螟越冬虫蛹,搜集树上树下干僵病果烧毁或深埋,辅以刮树皮、石灰水涂树干等措施减少越冬病源,还可起到树体防寒作用。③套袋保护。生理落果后喷1次杀虫、杀菌剂套袋,防病效果好。④及时防治桃蛀螟及其他蛀果害虫,可减轻该病害发生。⑤药剂防治。从3月下旬至采收前20天,喷洒1:1:160波尔多液,或40%多菌灵胶悬剂500倍液,或50%甲基硫菌灵可湿性粉剂800~1 000倍液4~5次,防治率可达63%~76%。黄淮地区以6月25日至7月15日的幼果膨大期防治果实干腐病效果最好。休眠期喷洒3~5波美度石硫合剂。

2. 石榴果腐病有哪些症状?怎样发生的?如何防治?

(1)症状鉴别 国内各石榴产区均有发生,一般发病率20%~30%,尤以采收后、贮运期间病害的持续发生造成的损失重(彩图23)。

由褐腐病菌侵染造成的果腐,多在石榴近成熟期发生。初在果皮上生淡褐色水浸状斑,迅速扩大,以后病部出现灰褐色霉层,内部籽粒随之腐坏。病果常干缩成深褐色至黑色的僵果悬挂于树上不脱落。病株枝条上可形成溃疡斑。

由酵母菌侵染造成的发酵果也在石榴近成熟期出现,贮运期进一步发生。病果初期外观无明显症状,仅局部果皮微现淡红色。剥开带淡红色部位果瓤变红,籽粒开始腐败,后期果内部腐坏并充满红褐色带浓香味浆汁。用浆汁涂片镜检可见大量酵母菌。病果常迅速脱落。

自然裂果或果皮伤口处受多种杂菌(主要是青霉和绿霉)的侵染,由裂口部位开始腐烂,直至全果,阴雨天气尤为严重。

果腐病的突出症状除一部分干缩成僵果悬挂于树上不脱落外,多数果皮糟软,果肉籽粒及隔膜腐烂,对果皮稍加挤压就可流出黄褐色汁液,至整果烂掉,失去食用价值。

(2)发病规律　石榴果腐病原菌有 3 种:褐腐病菌,占果腐数的 29%;酵母菌,占果腐数的 55%;杂菌(主要是青霉和绿霉),占果腐数的 16%。褐腐病病菌以菌丝及分生孢子在僵果上或枝干溃疡处越冬,翌年雨季靠气流传播侵染。病果多在温暖高湿气候下发生严重。酵母形成的发酵果主要与榴绒粉蚧有关。凡病果均受过榴绒粉蚧的为害,特别是在果嘴残留花丝部位均可找到榴绒粉蚧;酵母菌通过粉蚧的刺吸伤口侵入石榴果实;榴绒粉蚧常在6~7 月份少雨适温年份发生猖獗,石榴发酵果也因此发生严重。裂果严重的果腐病相对发生也重。

(3)防治要点

①防治褐腐病　于发病初期用 40%多菌灵可湿性粉剂 600倍液喷雾,7 天 1 次,连用 3 次,防效达 95%以上。

②防治发酵果　关键是杀灭榴绒粉蚧和康氏粉蚧、龟蜡蚧等,于 5 月下旬和 6 月上旬 2 次施用 25%乙霉威可湿性粉剂,每 667平方米每次 40 克。使用稻虱净也有良好防效。

③防治生理裂果　用浓度为 50 毫克/升的赤霉素于幼果膨大期喷布果面,10 天 1 次,连用 3 次,防裂果率达 47%。

3. 石榴褐斑病有哪些症状? 怎样发生的? 如何防治?

(1)症状鉴别　主要危害果实和叶片,发病果园的病叶率达

90%～100%。8～9月份大量落叶,树势衰弱,产量锐减。尤其严重影响果实外观。叶片感染初期为黑褐色细小斑点,逐步扩大呈圆形、方形、多角形不规则的1～2毫米小斑块。果实上的病斑形状与叶片的相似,但大小不等。有细小斑点和直径1～2厘米的大斑块,重者覆盖1/3～1/2的果面。在青皮类品种上病斑呈黑色、微凹状,有色品种上病斑边缘呈浅黄色(彩图24)。

(2)**发病规律**　病原为半知菌类石榴尾孢霉菌。病菌在病残落叶上越冬,于翌年4月下旬产生分生孢子,靠气流传播。5月下旬开始发病,侵染新叶和花器。菌丝丛灰黑色,在25℃时生长良好。黄淮产区7月上旬至8月末为降水量集中的雨季,也是发病的高峰期。秋季继续侵染,但病情减弱。10月下旬叶片进入枯黄季节则停止侵染蔓延,11月上旬随落叶进入休眠期。其危害程度与果树品种、土肥水管理、树体通风透光条件和年降水量等有密切关系。

(3)**防治要点**

①**农业防治**　在落叶后至翌年3月份,彻底清除园内落叶,摘除树上病、僵果深埋或烧毁,消灭越冬病源。

②**药剂防治**　发病初期叶面喷洒50%百·福可湿性粉剂600～800倍液,或78%代·波可湿性粉剂500倍液,或75%百菌清可湿性粉剂600倍液,或25%多菌灵可湿性粉剂800～1 000倍液等。

4. 石榴黑霉病有哪些症状? 怎样发生的? 如何防治?

(1)**症状鉴别**　石榴果实初生褐色斑,后逐渐扩大,略凹陷,边缘稍凸起。湿度大时病斑上长出绿褐色霉层,即病原菌的分生孢子梗和分生孢子。温室越冬的盆栽石榴多发生此病,影响观赏。另从广东、福建等地北运的石榴,在贮运条件下,持续时间长也易发生黑霉病。

(2)**发病规律**　病原为半知菌类枝孢黑霉菌。病菌以菌丝体和分生孢子在病果上或随病残体进入土壤中越冬。翌年产生分生孢子,借风雨、粉虱传播蔓延,湿度大、粉虱多易发病。

(3)**防治要点**　①调节石榴园小气候,及时灌排水,保持风、光透通,防湿气滞留。②及时防治蚜虫、粉虱及介壳虫。③药剂防治。点片发生阶段,及时喷洒80%代森锰锌可湿性粉剂600倍液,或80%代森锌可湿性粉剂500倍液,或50%多菌灵可湿性粉剂1000倍液,或40%多菌灵胶悬剂600倍液,或50%硫黄·多菌灵可湿性粉剂1000倍液,或65%硫菌·霉威可湿性粉剂1500倍液等,15天左右1次,防治1~2次。④果实贮运途中保证通风,最好在装车前喷上述杀菌剂预防。

5. 石榴蒂腐病有哪些症状? 怎样发生的? 如何防治?

(1)**症状鉴别**　主要危害果实,引起蒂部腐烂。病部变褐呈水渍状软腐,后期病部生出黑色小粒点、即病原菌分生孢子器(彩图25)。

(2)**发病规律**　病原为半知菌类石榴拟茎点霉菌。病菌以菌丝或分生孢子器在病部或随病残叶留在地面或土壤中越冬,翌年条件适宜时,在分生孢子器中产生大量分生孢子,从分生孢子器孔口逸出,借风雨传播,进行初侵染和多次再侵染。一般进入雨季、空气湿度大易发病。

(3)**防治要点**　①加强石榴园管理,施用酵素菌沤制的堆肥或保得生物肥或腐熟有机肥、合理灌水,保持石榴树生长健壮。雨后及时排水,防止湿气滞留,减少发病。②药剂防治。发病初期喷洒27%春雷·王铜可湿性粉剂700倍液,或75%百菌清可湿性粉剂600倍液,或50%百·硫悬浮剂600倍液等,10天1次,防治2~

3次。

6. 石榴焦腐病有哪些症状？怎样发生的？如何防治？

(1)症状鉴别　果面或蒂部初生水渍状褐斑，后逐渐扩大变黑。后期产生很多黑色小粒点、即病原菌的分生孢子器（彩图26）。

(2)发病规律　病原为子囊菌门柑橘葡萄座腔菌。病菌以分生孢子器或子囊在病部或树皮内越冬，条件适宜时产生分生孢子和子囊孢子，借风雨传播。该菌系弱寄生菌，常腐生一段时间后引起果实焦腐或枝枯。

(3)防治要点　①加强管理，科学防病治虫、浇水施肥，增强树体抗病能力。②药剂防治。发病初期喷洒1∶1∶160倍式波尔多液，或40％百菌清悬浮剂500倍液，或50％甲基硫菌灵可湿性粉剂1 000倍液等。

7. 石榴曲霉病有哪些症状？怎样发生的？如何防治？

(1)症状鉴别　危害石榴果实。染病果初呈水渍状湿腐，果面变软腐烂。后在烂果表面产生大量黑霉、即病菌分生孢子梗和分生孢子。

(2)发病规律　病原为半知菌类黑曲霉菌。病菌以菌丝体和分生孢子在病果上越冬，通过气流传播。病菌孢子从日灼和各种果皮伤口处侵入，引起发病。湿度大易诱发此病。

(3)防治要点

①农业防治　科学修剪，合理施肥，保持果园通风透光良好，雨后及时排水。

②药剂防治　发病初期及时喷洒50％多菌灵可湿性粉剂800

倍液,或 47% 春雷·王铜可湿性粉剂 800 倍液,或 24% 唑菌腈悬浮剂 2 000 倍液等,10 天左右 1 次,连续防治 2～3 次。

8. 石榴疮痂病有哪些症状？怎样发生的？如何防治？

(1)症状鉴别　主要危害果实和花萼。病斑初呈水渍状,渐变为红褐色、紫褐色直至黑褐色,单个病斑圆形至椭圆形、直径 2～5 毫米。后期多个斑融合成不规则疮痂状,粗糙,严重的龟裂,直径 10～30 毫米或更大。湿度大时,病斑内产生淡红色粉状物,即病原菌的分生孢子盘和分生孢子(彩图 27)。

(2)发病规律　病原为半知菌类石榴痂圆孢菌。病菌以菌丝体在病组织中越冬。花果期气温高于 15℃,多雨湿度大,病部产生分生孢子,借风雨或昆虫传播,经几天潜育形成新的病斑,又产生分生孢子进行再侵染。气温高于 25℃病害趋于停滞。秋季阴雨连绵该病还会发生或流行。

(3)防治要点　①调入苗木或接穗时要严格检疫。②发现病果及时摘除,减少初侵染源。③发病前对重病树喷洒 10% 硫酸亚铁液。④药剂防治。花后及幼果期喷洒 1∶1∶160 倍式波尔多液,或 84.1% 王铜可湿性粉剂 800 倍液,或 70% 代森锰锌可湿性粉剂 500 倍液等。

9. 石榴青霉病有哪些症状？怎样发生的？如何防治？

(1)症状鉴别　主要危害果实。受害果实表面产生青绿色霉层,造成果实腐烂。受害果有苹果香味。后期果面变成暗褐色。

(2)发病规律　病原为半知菌类产紫青霉菌。该菌常腐生在各种有机质上,随时可产生大量分生孢子,借气流传播,从伤口侵入。贮运时通过病、健果接触传染。果实腐烂产生大量二氧化碳,与空气中的水接触产生稀碳酸致果面呈酸性,有利于病菌侵染,造成更多烂果。

(3)防治要点 ①注意防止日灼和虫害。②采收和贮运期间要轻拿轻放,防止产生伤口。贮运温度2℃～4℃,空气相对湿度80%～85%为宜。③药剂防治。采收前1周喷洒50%甲·硫悬浮剂800倍液,或50%多菌灵可湿性粉剂800倍液等。贮运器具用50%甲基硫菌灵可湿性粉剂或50%多菌灵可湿性粉剂200～400倍液等消毒。

10. 石榴麻皮病有哪些症状?怎样发生的?如何防治?

(1)症状鉴别 果皮粗糙,失去原品种颜色和光泽,影响外观。轻者降低商品价值,重者烂果(彩图28)。

(2)发病规律 石榴麻皮病是一种重要的综合性病害,重病园病果率可达95%以上。病因复杂,主要由疮痂病、干腐病、日灼病、蓟马等病虫害所致。南方石榴生长期处于多雨的夏季及庭院石榴通风透光不良,石榴果实易遭受多种病虫害的侵袭。而在高海拔的山地果园因干旱和强日照易发生日灼。多种原因导致石榴果皮上发生的病变统称为"麻皮病"。引起果皮变麻的主要原因有以下几方面。

①疮痂病 南方产区该病发病高峰期为5月中旬至6月上旬,与这一时期降水量有较大关系。降水多的年份发病较重,6月下旬至7月上旬管理差的果园病果率可达90%以上。

②干腐病 该病初发期为6月上旬,盛发期为6月下旬至7月上旬,以树龄较大的老果园、密度大修剪不合理郁蔽严重果园及树冠中下部的果实发病较多。

③日灼病 在高海拔的山地果园,由于日照强,树冠顶部和外围的石榴果实的向阳面处于夏季烈日的长期直射下,尤其在石榴

生长后期 7～8 月份伏旱严重时日灼病发生尤为严重。

④蓟马为害　为害石榴的主要是烟蓟马和茶黄蓟马,以幼果期为害较重。南方产区为害的高峰期为 5 月中旬至 6 月中旬,北方果区为害至 6 月下旬。因蓟马为害的石榴可达 85%～95%。由于蓟马虫体小,为害隐蔽,不易被发现,常被错误的认为是缺素或是病害。

(3)防治要点　石榴的麻皮危害是不可逆的,一旦造成危害,损失无法挽回。生产上应针对不同的原因采取相应的综合防治措施。①做好冬季清园,消灭越冬病虫。冬季落叶后结合修剪,彻底清除园内病虫枝、病虫果、病叶进行集中销毁;对树体喷洒 5 波美度的石硫合剂或 1∶2∶200 倍式波尔多液等。②果实套袋和遮光防治日灼病。对树冠顶部和外围的石榴用牛皮纸袋进行套袋,套袋前先喷杀虫杀菌混合药剂,既防其他病虫也可有效防治日灼病。于采果前 15～20 天去袋。③幼果期是防治石榴麻皮的关键时期,主要防治好蚜虫、蓟马、疮痂病、干腐病等。④药剂防治。春季石榴萌芽展叶后用 80% 代森锌可湿性粉剂 600 倍液或 20% 丙环唑乳油 3 000 倍液等消灭潜伏危害的病菌。

11. 石榴黑斑病有哪些症状?怎样发生的?如何防治?

(1)症状鉴别　又称石榴树角斑病。主要分布于长江以南各石榴产区。危害石榴树叶片。严重发生者,可造成树叶早落,树势衰弱。

发病初期叶面为一针眼状小黑点,后不断扩大,发展为圆形至多角形不规则状斑点,大小为 0.4～1.5 毫米×2.5～3.5 毫米。后期病斑深褐色至黑褐色,边缘常呈黑线状。气候干燥时,病部中心区常呈灰褐色。叶面散生数个病斑,严重时病斑相连,导致叶片提早枯落。

(2)**发病规律** 病原无性世代为半知菌类石榴生尾孢霉菌,有性世代为石榴球腔菌。病菌以分生孢子梗和分生孢子在落叶上越冬。翌年4月中旬至5月上旬,越冬分生孢子和新生分生孢子借风雨飞溅到石榴新梢叶上萌发出菌丝侵染,此后继续重复侵染。此病危害期一般在7月下旬至8月中旬,此时石榴鲜果已近成熟,对产量和品质影响不大。9~10月份,由于叶上病斑数量增多,叶片早落现象明显,对花芽分化不利,是翌年生理落果严重的原因之一。

(3)**防治要点**

①**农业防治** 结合冬管,清除园内病枝落叶堆沤或烧毁,消灭越冬菌源。

②**药剂防治** 5月下旬至7月中旬,降水日多,病害传播快,应在晴朗日及时喷药防治。可喷洒20%多·硫胶悬剂500倍液,或50%甲基硫菌灵可湿性粉剂1 000倍液,或50%多菌灵可湿性粉剂1 200倍液。中后期用25%代森锌可湿性粉剂800倍液对高脂膜300倍液喷雾保护。也可在6月中旬至7月中旬喷洒3次1:2:200波尔多液保护,15天1次。

12. 石榴炭疽病有哪些症状? 怎样发生的? 如何防治?

(1)**症状鉴别** 危害叶、枝及果实。叶片染病产生近圆形褐色病斑;枝条染病断续变褐;果实染病产生近圆形暗褐色病斑,有的果实边缘发红无明显下陷现象,病斑下面果肉坏死,病部生有黑色小粒点、即病原菌的分生孢子盘。在我国南方石榴产区常发生此病。

(2)**发病规律** 病原为半知菌类胶孢炭疽菌。病菌以菌丝体或分生孢子在树上的病部越冬,翌年温、湿度适宜时产生分生孢子,借风雨或昆虫传播。该菌可进行潜伏侵染,条件适宜时显症。

本病在高温多湿条件下发病。分生孢子发生量,常取决于雨日多少及降水持续时间。一般春梢生长后期始病,夏、秋梢期盛发。

(3)防治要点 ①选用抗病品种。②加强管理,雨后及时排水,防止湿气滞留。采用密植单干式,只留一个主干,每667平方米栽110株,通风好、树势稳定、挂果早、病害轻。③药剂防治。发病初期喷洒1∶1∶160倍式波尔多液,或47%春雷·王铜可湿性粉剂700倍液,或30%碱式硫酸铜悬浮液600倍液,或25%溴菌清可湿性粉剂500倍液,或50%甲基硫菌灵可湿性粉剂1 000倍液等。

13. 石榴叶枯病有哪些症状?怎样发生的?如何防治?

(1)症状鉴别 主要危害叶片。病斑圆形、褐色至茶褐色,直径8~10毫米。后期病斑上生出黑色小粒点、即病原菌的分生孢子盘(彩图29)。

(2)发病规律 病原为半知菌类厚盘单毛孢菌。病菌以分生孢子盘或菌丝体在病组织中越冬,翌年产生分生孢子,借风雨传播,进行初侵染和多次再侵染。夏、秋季多雨或石榴园湿气滞留易发病。

(3)防治要点

①农业防治 加强管理,保证肥水充足,调节地温促根壮树,培肥地力,及时中耕除草。提倡采用覆盖草栽培法和密植单干式方法,每667平方米栽110株。一棵树只留一个主干,保证通风透光。树冠紧凑易控,树势健壮,提高树体抗病能力。

②药剂防治 发病初期喷洒1∶1∶200倍式波尔多液,或50%多菌灵可湿性粉剂800倍液,或47%春雷·王铜可湿性粉剂700倍液,或30%碱式硫酸铜悬浮剂400倍液等,10天左右1次,防治3~4次。

14. 石榴煤污病有哪些症状？怎样发生的？如何防治？

(1)**症状鉴别**　主要危害叶片和果实。病部为棕褐色或深褐色的污斑，边缘不明显，像煤斑。病斑有 4 种型：分枝型、裂缝型、小点型及煤污型。菌丝层极薄，一擦即去。

(2)**发病规律**　病原为半知菌类煤炱菌。病菌以菌丝体在病部越冬，借风雨或介壳虫活动传播扩散。该病发生主要诱因是昆虫在寄主上取食，排泄粪便及其分泌物。衰老树和蚜虫、介壳虫类为害严重及低洼积水和田间郁蔽通风透光不良、温度高、湿气滞留的果园易发病。病原菌在石榴叶、果表皮上形成一个菌丝层，菌丝错综分枝，严重影响光合作用，果面污损商品性降低。

(3)**防治要点**　①农业防治。合理修剪，保证通风透光良好。雨后及时排水，防止湿气滞留，创造良好的果园生态条件，减少发病条件。冬、春季彻底清除园内枯草落叶，减少越冬菌源。②及时防治蚜虫、粉虱及介壳虫等。③药剂防治。于点片发生阶段，及时喷洒 80% 代森锌可湿性粉剂 500 倍液，或 50% 代森锰锌可湿性粉剂 600 倍液，或 65% 福美锌可湿性粉剂 800 倍液，或 40% 多菌灵胶悬剂 600 倍液，或 50% 乙霉威可湿性粉剂 1 000 倍液，或 65% 乙霉威可湿性粉剂 1 500 倍液等，15 天左右 1 次，视病情防治 1～2 次。

15. 石榴黄叶病有哪些症状？怎样发生的？如何防治？

(1)**症状鉴别**　主要表现在叶片上。典型症状为叶片顶部首先发黄，逐渐向叶柄部蔓延。发病轻时叶基部叶脉仍为绿色，发病重时全叶鲜黄，叶柄脆，叶片极易脱落。该病与缺氮、缺铁等缺素症所表现出的黄叶不同点是石榴树局部发病，且多是成龄叶片。

(2)发病规律 病原被认为是由黄化病毒组的病毒引起。5月中下旬蚜虫多发季节发病重。黄淮地区7～8月份高温高湿易诱发此病。该病发生往往速度快,症状明显。从发病到落叶一般只需7～10天时间。一旦发病,叶片很难恢复正常,常造成大量落叶。

(3)防治要点 ①加强果园管理。及时追肥浇水,科学整形修剪,培养合理树形,提高抗病能力。②对成龄且郁蔽较严重果园,夏季雨后要及时排水。③及时防治蚜虫、蓟马等刺吸口器害虫,防止交叉传染。④药剂防治。发病初期及时叶面喷洒10%混合脂肪酸(83增抗剂)水乳剂100倍液,或20%吗胍·乙酸铜可湿性粉剂500倍液,或5%菌毒清水剂200倍液等,可抑制病毒病的发展。

16. 石榴皱叶病有哪些症状?怎样发生的?如何防治?

(1)症状鉴别 主要危害石榴叶片。以大叶类品种症状明显,如白花重瓣、红花重瓣品种等。春季嫩叶抽出时即被害,叶缘向内卷曲、呈现波纹病状,后随叶片生长,卷曲皱缩程度增加,全叶显示症状,叶片变厚、质脆。嫩枝染病,节间缩短,略为粗肿,病枝上常簇生皱缩的病叶,枝条当年只有春梢生长,不再有夏、秋梢生长。该病多危及1年生枝条。

(2)发病规律 对该病病原目前尚不能从病组织中分离纯化出病原物,但一般疑似病毒或类病毒。经嫁接和蚜虫、蓟马等为害传染,蚜虫、蓟马等刺吸式口器为害重的石榴树发病重。

(3)防治要点 ①加强果园肥水综合管理,增强树势,提高树体抗病能力。②剪除重病枝,防止病害传播蔓延。③药剂防治。发病初期喷洒20%吗胍·乙酸铜可湿性粉剂500倍液,或10%混合脂肪酸(83增抗剂)水乳剂100倍液,或5%菌毒清水剂200倍液等,对病害的发生有明显抑制作用。④及时防治蚜虫、蓟马等刺吸式口器害虫,防止病害传播蔓延。

17. 石榴茎基枯病有哪些症状？怎样发生的？如何防治？

(1)**症状鉴别** 成龄树1～2年生枝条基部及幼树(2～4年生)茎基部发生病变,枝条或主茎基部产生圆形或椭圆形病斑,树皮翘裂,树皮表面分布点状突起孢子堆。病斑处木质部由外及内、由小到大逐渐变黑干枯,输导组织失去功能,导致整枝或整株死亡(彩图30)。

(2)**发病规律** 病原为半知菌类大茎点属病菌。病菌主要以分生孢子器或菌丝在病部越冬,翌年春季遇雨水或灌溉水,释放出分生孢子,借水传播蔓延,当树势衰弱或枝条失水皱缩及冬季受冻后易诱发此病。

(3)**防治要点**

①农业防治 冬、春季刮除老树皮石灰水涂干;剪除病弱枝。将刮掉的树皮集中销毁,消灭越冬病虫源。

②冬、春季药剂防治 结合冬管于或于早春喷洒65%代森锌可湿性粉剂600倍液,或40%多菌灵胶悬剂500倍液等。

③生长季节药剂防治 于发病初期喷洒50%胂·锌·福美双可湿性粉剂800倍液,或1:1:200倍式波尔多液,或50%甲基硫菌灵可湿性粉剂800倍液,或45%噻菌灵悬浮剂1 000倍液,或25%腈菌唑可湿性粉剂3 000倍液等。

18. 石榴枝枯病有哪些症状？怎样发生的？如何防治？

(1)**症状鉴别** 苗木幼茎及1～2年生枝条发生病变,产生溃疡斑或枝枯,影响苗木成活和生长发育。苗木幼茎及嫩枝条,基部呈圆周状干缩,树皮变灰褐。病重树春季不能正常发芽或推迟发芽;有些春季发芽后叶片凋萎死亡,不易脱落,病枝木质部髓腔变黑褐色,输导功能丧失。生长季节发病,枝条枯死。

(2)发病规律 病原菌有两种:即半知菌类石榴白孔壳蕉菌和石榴枝生单毛孢菌。病菌以菌丝体潜伏在树皮中越冬,春季寒冷或干旱易诱发此病。生长季节高温高湿发病重。

(3)防治要点 同石榴茎基枯病。

十三、影响石榴商品性生产水平的树体保护技术

1. 石榴树产生抽条的原因及预防措施有哪些?

(1)幼树枝条发生抽条 在华北及西北内陆地区石榴栽培往往不能安全越冬,常见的是过冬后的幼树枝条自上而下干枯,这种现象称为"抽条"。抽条严重的植株地上部分全部枯死,比较轻的则1年生枝条枯死。抽条的幼树根系一般不死,能从基部萌出新枝。由于根系发达,长出新枝比较旺。对于旺枝,第二年冬季还会"抽条",形成连年"抽条",树形紊乱,严重影响石榴的生长和结果。

(2)产生抽条的原因 冻旱引起的生理干旱是石榴产生抽条的主要原因。从抽条产生的时期看,1月份枝条没有抽条,至2月中旬枝条发生纵向皱皮,并且从枝条上部向下部发展,形成枝条由上而下的死亡。因此,从抽条发生的时期来看,不是在冬季最冷时期而是在冬末春初,尤以早春严重。早春天气干旱,加之常刮干燥的西北风,抽条就严重;反之抽条则轻。

真正产生抽条的原因是因为生理"冻旱"引起。北方地区冬季寒冷,在冬天和早春,地下土壤冻结,幼树的根系很浅,大都处于冻土层,不能吸收水分或很少吸收水分。而早春气温回升很快,同时风大空气干燥,枝条水分蒸腾量很大,根系不能吸收足够的水分来补充枝条的失水,造成明显的水分失调、入不敷出,引起枝条生理干旱,从而使枝条由上而下抽干。

(3)防止抽条的措施

①秋季控制树体生长,防好病虫害 北方夏末秋初降水多,秋梢生长量大,枝条发育不充实。尤其晚秋气温较高时,如果不控制

肥水,氮肥施用过多,易造成秋季落叶延迟,生长期加长。在初冬寒潮突然来临时气温骤然下降,在树体营养未能充分回流、枝条越冬锻炼不足时,被强制休眠,在春季多风少雨、空气干燥时,易发生抽条。此外介壳虫类等虫害严重发生时造成树体早期落叶,影响枝条的正常生长、发育不充实,也会加重抽条的发生。因此,秋季应适度控水控肥,并加强病虫害的防治,生长后期不施氮肥,多施磷钾肥,以利于枝条的加粗,及早停长,增强幼树的越冬能力。当初秋枝条依然生长较旺时,还可通过掐尖、喷施生长抑制剂等使枝条停长。全株喷施适当浓度多效唑,可起到良好的控旺促壮效果。

②捆绑草把　在冬季落叶后及时用稻草、谷草等作物秸秆捆绑幼树,注意要捆绑结实,以免冬季风大将草把刮散开。到春季芽萌动时,及时将草把解开。此方法用工较多,但保护效果好,绑草把后能够有效抑制水分蒸发,很好地防止抽条,对于1~2年生幼树十分必要。

③涂抹保护剂　落叶后在枝条上涂抹防护剂也可以有效地防止抽条。常见的防护剂有动物油脂、甲基纤维素、凡士林以及其他复配的防抽油等。这些防护剂往往含有机油成分及其他低分子的油类,渗透性强,能杀死芽及伤口嫩皮,因此一定要注意不要涂抹过厚,以免春季防护剂融化后造成枝条和芽的伤害。涂抹时间以12月份气温较低时进行,选择晴好天较温暖的正午,先将防护剂均匀搓在手套或布上,然后抓住枝条,自下而上进行涂抹。涂时要求涂抹均匀而薄,在芽上不能堆积防护剂。涂防护剂与捆草把相比,防止水分蒸发的效果不如捆草把,但是在小枝较多的情况下便于操作,速度快,效率高,而且省工,比较适用于2年生以下的幼树防护。

④基部培土防风　冬季在幼树基部堆高40~50厘米、下大上小的馒头形土堆,可挡北风,减少风害,减轻抽条的发生。该方法

和地膜覆盖相结合,对防止幼树抽条具有良好的效果。

⑤地膜覆盖　秋、冬季施肥灌水后在幼树的两边各铺 1 条宽约 1 米的地膜,对于防止抽条具有很好的效果。冬季进行地膜覆盖不但可以保持土壤水分,特别是可以提高地温。在华北内陆地区,地膜下的土基本不冻结,在枝条水分蒸腾量很大的早春,阳光好时地膜下的温度可达 10℃以上,根系已经能活动,吸收水分,补充地上部分水分的消耗,从而有效地解决地上部和地下部水分失调的问题,达到防止抽条的目的。

北方地区石榴防止抽条要进行 2～3 年。一般 4 年生以上的石榴树不易发生抽条。以上的措施应根据树龄和树体生长状况综合进行。对于 1 年生幼树,应采用捆草把和地膜覆盖的措施或堆土防冻;2 年生树,可采用涂抹防护剂和地膜覆盖的措施;3 年生树如果树体生长健壮,冬季只需在树行覆盖地膜。应注意的是所有的防护措施都是建立在良好的栽培管理基础上的,尤其秋季的栽培管理,对于防止抽条具有重要的意义,要十分重视。

2. 引起石榴树冻害的原因、表现症状及预防措施有哪些?

(1)引起石榴树冻害的原因

①温度　低温是造成石榴树冻害的主要原因。在冬季正常降温条件下,旬最低温度平均值低于 $-7℃$、极端最低温度低于 $-13℃$ 出现冻害;旬最低温度平均值低于 $-9℃$,极端最低温度低于 $-15℃$ 出现毁灭性冻害。但在寒潮来临过早(沿黄产区 11 月中下旬),即非正常降温条件下,旬最低温度平均值 $-1℃$、旬极端最低温度 $-9℃$,也会导致石榴树冻害。前一种冻害是在石榴休眠期发生的,石榴树体经过降温锻炼,抗寒性相应提高,只有较低的温度($-13℃～-15℃$)才能造成冻害。冻害严重发生的特点是地上部乃至整株均受害,干枝死亡。而后一种则是石榴树尚未完全停

止生长、没有经受低温锻炼、抗寒性较低时发生的,冻害的致害温度相对较高,冻害发生的典型特征是根茎部受害,木质部与韧皮部间形成层组织坏死。春季也能萌芽,但之后逐渐死亡。

②立地条件　在不同立地条件下一般多风平原地区冻害重,丘陵地区次之,丘陵背风向阳处最轻。在同一立地条件下,有防护林等屏障挡风的冻害轻,同一株树迎风面冻害重。

③苗木来源　用不同繁殖方法获得的苗木,冻害轻重不一样。以实生苗冻害最轻,根蘖苗次之,扦插苗最重。

④树龄树势　树龄大小对冻害的抵抗能力不同。7 年生左右的树抗寒性最强;低于 4 年生的幼树,树龄越小,抗寒性越弱;15年生以上的成龄树,因长势逐渐衰弱又易受冻害。树势生长健壮无病虫危害的冻害轻,反之冻害重。

⑤品种　不同品种抗寒遗传基础不同,对冻害的抗御能力也有差别,一般落叶晚的品种抗寒力弱。

(2)冻害的症状表现　受冻部位表皮为灰褐色,严重的为黑色块状或黑色块状绕枝、干周形成黑环。黑环以上部分逐渐失水后造成抽条而干枯,从受冻部位的横纵切面看,因受害程度不同而形成层受害为浅褐色、褐色或深褐色。植株受冻后不一定表现出冻伤症状。受冻害严重时,春天根本不能发芽;受冻害轻时,特别是非正常降温引起的轻度冻害,有发芽后回芽现象。

(3)冻害的预防

①保持健壮的树势　采取综合管理措施使石榴树保持壮而不旺、健而不衰的健壮树势,从而提高其对低温的抵抗能力。

②控制后期生长,促使正常落叶　正常进入落叶期的果树,有较强的抗寒力。因此在果园水肥管理上,应做到"前促后控"。对于旺长的石榴树,可在正常落叶前 30～40 天,喷施 40%乙烯利水剂 2 000～3 000 倍液,促其落叶,使之正常进入落叶休眠期。

③早冬剪和喷药保护　冬剪时间掌握在落叶后至严冬来临之

前,沿黄河石榴产区以 11 月中下旬至 12 月上旬为宜。修剪时尽可能将病枝、虫枝、伤枝、死枝剪除,减少枝量相应减少了枝条水分消耗,可有效防治"抽干"和冻害。冬剪之后及时用波尔多液、石硫合剂等对树体喷雾,既防病又可使树体着一层药液保护膜而防冻。

④根茎培土,树干保护 因地面温度变幅较大,以致根茎最易遭受冻害,可在冬前对石榴的根茎培土保护,培土高度 30~80 厘米。树干保护的措施有埋干(定植 1~2 年生的幼树)、涂白、涂防冻剂、缠塑料条、捆草把等。

⑤早施基肥适时冬灌 冬施基肥结合浇越冬水适时进行,既起到稳定耕层土壤温度、降低冻层厚度的作用,又可及时使树体获得水分补充,防止枝条失水抽干造成干冻。冬灌时间以夜冻日消、日平均气温稳定在 2℃左右时为宜,沿黄河地区在 11 月中下旬至12 月上旬。

⑥选用抗寒品种 如河南省新育成的蜜露软籽、蜜宝软籽、豫石榴 1 号、豫石榴 2 号等,抗寒性强,适宜黄淮及其以南地区种植。

⑦营造防护林,利用小气候 防护林在林高 20 倍的背风距离内可降低风速 34%~59%,春季林带保护范围内比旷野提高气温0.6℃,所以在建园时应考虑在园地周围营造防护林;此外,还可以利用背风向阳的坡地、沟地等小气候适宜地区建园。

3. 如何进行石榴树的伤口保护?

石榴树伤口愈合较慢,修剪以及田间操作造成的伤口如果不及时保护,会严重影响树势,因此修剪过程中一定要注意避免造成过大、过多的伤口。石榴树修剪时要避免"朝天疤",这类伤口遇雨易引起伤口长期过湿、愈合困难并导致木质部腐烂。

修剪后一定要处理好伤口,锯枝时锯口茬要平、不可留桩、要防止劈裂。为了避免伤口感染病害,有利于伤口的愈合,必须用锋利的刀将伤口四周的皮层和木质部削平,再用 5 波美度石硫合剂或波尔多液进行消毒,然后进行保护。常见的保护方法有涂抹铅油、油漆、稀泥、地膜包裹等,这些伤口保护方法均能防止伤口失水并进一步扩大。但是在促进伤口愈合方面不如涂抹伤口保护剂效果好,现在已有一些商品化的果树专用伤口保护剂,生产中可选择使用。也可以自己进行配制。常见的保护剂配方有以下 3 种。

液体接蜡:用松香 6 份、动物油 2 份、酒精 2 份、松节油 1 份配制。先把松香和动物油同时加温化开、搅匀后离火降温,再慢慢地加入酒精、松节油,搅匀装瓶密封备用。

松香清油合剂:用松香 1 份、清油(酚醛清漆)1 份配制。先把清油加热至沸,再将松香粉加入拌匀即可。冬季使用应酌情多加清油,夏天可适量多加松香。

豆油铜素剂:用豆油、硫酸铜、熟石灰各 1 份配制。先把硫酸铜、熟石灰研成细粉,然后把豆油倒入锅内熬煮至沸,再把硫酸铜、熟石灰加入油内,充分搅拌,冷却后即可使用。

十四、提高石榴商品性生产的
采收、贮藏、加工和运输技术

1. 如何科学合理地搞好石榴的采收?

石榴果实适时采收,是果园后期管理的重要环节。合理的采收不仅保证了当年产量及果实品质、提高了贮藏效果、增加了经济效益,同时由于树体得到合理的休闲,又为翌年丰产打下了良好基础。

(1)采前准备 采前准备主要包括 3 个方面:一是采摘工具(如剪、篓、筐、篮等)和包装箱订做以及贮藏库的维修、消毒准备等。二是市场调查,特别是果园面积较大、可销售果品量较多时,此项工作更重要,只有做好市场调查预测,才能保证丰产丰收,取得高效益。三是合理组织劳力,做好采收计划。根据石榴成熟期不同的特点及市场销售情况,分期分批采收。

(2)采收期的确定 采收期的早晚对果实的产量、品质以及贮藏性有很大影响。采收过早,产量低、品质差,由于温度还较高,果实呼吸率高而耐贮性也低。采收越早,损失越大。过晚采收,容易裂果,降低贮运性,商品价值降低。且由于果实生长期延长,养分耗损增多,减少了树体贮藏养分的积累,降低树体越冬能力,影响翌年结果。因品种不同,以籽粒、色泽达到本品种成熟标志,确定适宜的采收期。黄淮地区,早熟品种一般 8 月下旬至 9 月上旬成熟,晚熟品种可至 10 月中下旬。

另以调节市场供应、贮藏、运输和加工的需要、劳动力的安排、栽培管理水平、树种品种特性以及气候条件来确定适宜的采收期。我国人民有中秋节走亲访友送石榴的习惯,不论成熟与否,一般中秋节前石榴都大量上市。石榴是连续坐果树种,成熟期不一致,要考虑分期采收、分批销售;树体衰弱、管理粗放和病虫危害而落叶较早的单株,亦需提前采收以免影响枝芽充实而减弱越冬能力;果品用于贮藏要适当晚采收,使果实充分成熟;准备立即投放市场的,随销随采,关键是色泽要好。久旱雨后要及时采收,减少裂果;雨天禁止采收,防果内积水,引起贮藏烂果。

(3)**采收技术** 采收过程中应防止一切机械伤害,如指甲伤、碰伤、压伤、刺伤等。果实有了伤口,微生物极易侵入,促进呼吸作用,增加烂果机会,降低贮运性和商品价值。石榴果实即使充分成熟也不会自然脱落,采摘时一般一手拿石榴一手持整枝剪将果实从果柄处剪断,剪下后将果实轻轻放入内衬有蒲包或麻袋片等软物的篓、篮、筐内,切忌远处投掷。果柄要尽量剪短些,防止刺伤临近的果实。当时上市的果实,个别果柄可留长些,并带几片叶,增加果品观赏性。转换筐(篓)、装箱等要轻拿轻放,防止碰掉萼片。运输过程中要防止挤、压、抛、碰、撞。

采果时还要防止折断果枝,碰掉花、叶芽,以免影响翌年产量。

2. 石榴的分级标准及包装要求有哪些?

(1)**分级标准** 果实采摘下树后要置于阴凉通风处,避免太阳暴晒和雨淋。来不及运出果园的,存放果实的筐上要盖麻袋或布单遮阳。利用运到选果场倒筐之机进行初选,将病虫果、严重伤果、裂果挑出。对初选合格的果实再行分级包装。分级是规范包装、提高果实商品价值的重要措施。石榴分级国内尚无统一标准,往往随品种、地区和销售而有不同。各地制定的分级标准一般以果实大小、色泽(果皮、籽粒)、果面光洁度、品质(籽粒风味)为依据。河南省地方标准(DB 41/T 488—2006)对石榴果实分级,定为特级、一级、二级、三级 4 个级别(表 14-1)。

表 14-1　河南省石榴质量分级指标

等级	果重（克）	果形	果　面	口感	萼片	残伤
特级	本品种平均果重的130%以上	丰满	光洁；90%以上果面呈现本品种成熟色泽	好	完整	无
一	本品种平均果重的110%以上	丰满	光洁；70%以上果面呈现本品种成熟色泽	好	完整	无
二	本品种平均果重的90%～110%	丰满	光洁，有点状果锈；50%以上果面呈现本品种成熟色泽	良好	不完整	无
三	本品种平均果重的70%以上	丰满	有块状果锈；30%以上果面呈现本品种成熟色泽	一般	不完整	无

　　（2）包装要求　石榴妥善包装，是保证果实完好、提高商品价值的重要环节。为便于贮藏和运输、减少损失，一般包装分为以下两种。

　　一是用竹或藤条编成的筐、篓包装。规格大小不一，每筐、篓装果 20～30 千克。筐为四方体或长方体形；篓为底小口大的柱体形，篓盖呈锅底形。装果前筐、篓内壁先铺好蒲包或柔软的干草，为了达到保温、保湿、调节筐和篓内气体的目的，可于蒲包内衬一适当容积的果品保鲜袋，然后将用柔软白纸包紧的石榴分层、挤紧、摆好。摆放时注意将萼筒侧向一边以免损伤降低品级。筐、篓装满后将蒲包折叠覆盖顶部，加盖后用铁丝或细绳扎紧。筐、篓内外悬挂写有重量、品种、级别、产地的标签。

　　二是纸箱包装。包装箱规格有 50 厘米×30 厘米×30 厘米、40 厘米×30 厘米×25 厘米、30 厘米×25 厘米×20 厘米和 35 厘米×25 厘米×17 厘米等，箱装果量分别为 20 千克、10 千克、5 千克和 4.5 千克，根据需要确定包装规格。装箱时，先在箱底铺垫一层纸板,后将纸格放入展开,将用柔软白纸裹紧的石榴放入每一格内,萼筒侧向一边,以防损伤。装满一层后盖上一张硬纸板,再放入一个纸格装第二层。依次装满箱后盖上一层硬纸板、盖好箱盖,胶带纸封箱,打包带扎紧。箱上说明品种、产地、级别、重量等。石榴包装要注意分品种、分级别进行,不破箱、不漏装、果实相互靠紧、整齐美观。减少长途运输挤压、摩擦,保证质量。

3. 如何搞好石榴果实的贮藏保鲜?

(1)贮藏保鲜的条件要求　影响石榴保鲜贮藏的关键因素是贮藏场所的温度、湿度和气体成分。

①温度　石榴果实贮藏的适宜温度为 $1℃ \sim 4.5℃$。石榴是对低温伤害敏感的果实,在 $-1℃$ 出现低温伤害症状,故果实不应在此温度条件下贮藏。在安全贮藏温度条件下贮藏的,在解除贮藏后果实应立即消费。不同品种的石榴果实,含水率、耐贮性等方面存在较大差异。每个品种贮藏的适宜温度不同。含水率高的品种,贮藏温度适当高些。

②湿度　在环境温度适宜时,石榴贮藏环境的空气相对湿度应保持在 $80\% \sim 85\%$。空气相对湿度的调节,应据不同品种果实果皮含水率而定。果皮含水率相对较低的品种,空气相对湿度应大些;而果皮含水率相对较高的品种,空气相对湿度应小些。

③气体　有贮藏实验认为,石榴果实是无呼吸高峰的果实,贮藏期间产生少量的乙烯,而且对各种外加乙烯处理无反应。果实产生的二氧化碳和乙烯二者的浓度均随温度的升高而增加。在 $3℃$ 条件下贮藏时,空气中氧的适宜浓度是 2%,二氧化碳的适宜浓度是 12%。

(2)贮藏保鲜的方法

①室内堆藏　选择通风冷凉的空屋,打扫清洁,适当洒水,然后消毒。将已消毒的稻草在地面铺 $5 \sim 6$ 厘米厚。其上按一层石

榴(最好是塑料袋单果包装)、一层松针堆放,堆5～6层为限。最后在堆上及四周用松针全部覆盖。在贮藏期间每间隔15～20天检查1次,随用随取。此法可保鲜2～3个月。

②井窖贮藏 选择地势高、地下水位低的地方,挖成直径100厘米、深200～300厘米的干井,然后于底部向四周取土掏洞,洞的大小以保证不塌方及贮量而定。贮藏方法是在窖底先铺一层消毒的干草,然后在其上面摆放3～6层石榴,最后将井口封闭。封闭方法是在井口上面覆盖木杆或秫秸,中间竖一秫秸把以利于通风,上面覆土封严。此法可保鲜至翌年春。井窖保护妥当时,可连续使用多年。

③坛罐贮藏 将坛罐之类容器冲洗干净,然后在底部铺上一层含水5%的湿沙、厚5～6厘米,中央竖一秫秸把子或竹编制的圆筒,以利于换气。在秫秸把子或竹编制的圆筒四周装放石榴,直至装到离罐口5～6厘米时再用湿沙盖严封口。

④袋装沟藏

挖沟:选地势平坦、阴凉、清洁处挖深80厘米、宽70厘米的贮藏沟,长度根据贮藏数量而定。于果实采收前3～5天,白天用草苫将沟口盖严、夜间揭开、使沟内温度降至和夜间低温基本相等时,再采收,装袋入沟。

装袋:将处理过的果实装入厚0.04毫米、宽50厘米、长60厘米的无毒塑料袋,每袋装20千克,装袋后将袋口折叠,放入内衬蒲包的果筐或果箱内,盖上筐盖或箱盖,不封闭。

管理:贮藏前期,白天用草苫覆盖沟口,夜间揭开,使贮藏沟内的温度控制在2℃～3℃。贮藏中期,随自然温度不断降低,当贮藏沟内温度降至1℃以上时,把塑料袋口扎紧,筐、箱封盖,并用2～3层草苫将贮藏沟盖严,呈封闭状态,每个月检查1次。贮藏后期,翌年3月上中旬气温回升,沟内贮藏温度升至3℃以上时,再恢复贮藏前期的管理,利用夜间的自然降温,降低贮藏沟内的温度。利用此法果实贮藏到 4 月份,好果率仍达 90％以上。

⑤土窑洞贮藏　适于黄土丘陵地区群众有利用窑洞生活的石榴产区采用。一般取坐南朝北方向,窑身宽 3 米、高 3 米、洞深 10～20 米,窑顶为拱形,窑地面从外向内渐次升高成缓坡形,以利于窑内热空气从门的上方逸出。窑门分前后两道,第一道为铁网或栅栏门,第二道为木板门。门的规格为宽 0.9 米左右、高 2 米左右。两道门距 3 米左右,作用为缓冲段,以保持藏室条件稳定。在窑内末端向上垂直打一通风口,通风孔下口直径 0.7 米,上口直径 0.4 米,出地面后再砌高 2～3 米。

窑洞地面铺厚约 5 厘米的湿沙,将药剂处理过的果实用塑料袋单果包装好后散堆于湿沙上 4～5 层。或者用小塑料袋单果包装后装筐,也可加套塑料果网后每 15 千克装一袋(塑料袋或简易气调袋)置于湿沙上,码放 1～2 层。

果实贮藏初期将窑门和通气孔打开通风降温。12 月中旬后外界温度低于窑温时,要关闭通气孔和窑门,门上挂棉帘或草帘御寒,并注意经常调节室内温度与湿度。贮藏初期要经常检查,入库后每 15～20 天检查 1 次,随时拣出腐烂、霉变果实,以防扩大污染。窑洞贮藏要注意防鼠害。

⑥冷库贮藏　利用不同类型机械制冷库贮藏石榴,可以科学地控制库内温度和湿度,是解决大批量石榴果实保鲜的先进技术。目前更先进的是气调保鲜,除具有控温、控湿功能外,还可以控制库内氧气和二氧化碳气体浓度。有条件的地区可以利用。

4. 怎样加工石榴白兰地酒?

(1)工艺流程

石榴→去皮→破碎→果浆→前发酵→分离→后发酵→贮存→过滤→调整→热处理→冷却→过滤→贮存→过滤→装瓶、贴标、入库。

(2)操作要领

①原料处理与选择 选择鲜、大、皮薄、味甜的果实,去皮破碎成浆,入发酵池,留有 1/5 空间。

②前发酵 加一定量的糖,适量二氧化硫(SO_2)。加入 5%~8%的人工酵母,搅拌均匀,进行前发酵。温度控制在 25℃~30℃,时间 8~10 天,然后分离,进行后发酵。

③后发酵陈酿 前发酵分离的原液,含糖量在 0.5%以下,用酒精封好该液体进行后发酵陈酿,时间 1 年以上。分离的皮渣加入适量的糖进行二次发酵。然后蒸馏得到白兰地贮存,待调酒用。

④过滤、调整 对存放 1 年后的酒过滤,分析酒度、糖度、酸度,接着按照标准调酒,然后再进行热处理。

⑤热处理 将调好的酒升温至 55℃,维持 48 小时,而后冷却,静置 7 天再过滤。

⑥冷却、过滤、贮存、过滤、装瓶、贴标、杀菌入库 为增加酒的稳定性,再对过滤的酒进行冷处理。再过滤贮存,然后再过滤装瓶。在 70℃~72℃下维持 20 分钟杀菌,后贴标入库。

(3)质量标准

①感官指标 色泽橙黄,澄清透明,无明显悬浮物和沉淀物。

具有新鲜、愉悦的石榴香及酒香,无异味,风味醇厚,酸甜适口,酒体丰满,回味绵长。具有石榴酒特有的风格。

②理化指标 酒度(20℃)/10%～12%;糖度/10～16(克/100毫升);酸度/0.4～0.7(克/100毫升);挥发酸/<0.1(克/100毫升);干浸出物/>1.5(克/100毫升)。

5. 怎样加工石榴甜酒?

(1)原料 石榴、香菜籽、芙蓉花瓣、柠檬皮、白糖、脱臭酒精。

(2)工艺流程

脱臭酒精、白糖

↓

石榴→洗净→挤汁→配制→贮存→过滤→贮存→石榴甜酒

↑

柠檬皮、香菜籽、芙蓉花瓣

(3)操作要领

①原料处理 选择个大、皮薄、味甜、新鲜、无病斑的甜石榴,出汁在30%以上。洗净,挤汁。

②配制 将石榴汁与其他原料一起放入玻璃瓶内,封闭严密防止空气进入,置1个月。期间应常摇晃瓶子,使原料调和均匀。

③过滤 1个月后,将初酒滤入深色玻璃瓶内,塞紧木塞,用蜡、胶封严。5个月后可开瓶,经调和即可饮用。

(4)质量标准

①感官指标 金黄色,澄清透明,无明显悬浮物,无沉淀。风味酸甜适口,回味绵长。酒体醇厚丰满,有独特风味。

②理化指标 酒度(20℃)/10%～12%;糖度(葡萄糖)/10～16(克/100毫升);酸度(柠檬酸)/0.4～0.7(克/100毫升);挥发酸/<1(克/100毫升);干浸出物/>1.5(克/100毫升)。

十五、提高石榴商品性生产
的周年综合管理历

1. 石榴园 1～2 月份怎样管理?

主要工作是完成冬剪任务,整修树盘和渠道,准备农药、化肥等。此外,还要搞好树体保护和清园。1 月份由于是严冬,温度是 1 年中最低的季节,一般不修剪,果园管理主要集中在 2 月份。

(1)涂伤口保护剂　凡伤口直径在 1 厘米以上的剪、锯口都要用蜂蜡、石灰水等涂抹、涂严,但不要伤害枝和芽。

(2)清园　剪除病虫枝,刮翘起的老树皮,集中深埋或烧掉,消灭越冬的桃蛀螟、桃小食心虫、刺蛾、蚜虫、袋蛾、龟蜡蚧、绒蚧、木蠹蛾、茎窗蛾、干腐病、褐斑病、果腐病等害虫越冬虫态及病源。

(3)集肥　利用秸秆、蒿草掺牲畜粪便堆沤备用。

(4)树盘覆膜　2 月上旬树盘覆盖地膜,增温保墒,促进根系早活动。

(5)熬制石硫合剂　硫黄、生石灰各 1 份,水 8 份,大火熬 40～50 分钟即成,盛入缸内沉淀备用。

(6)树体修剪　若春节前的 12 月份没有修剪或修剪不彻底,安排在翌年 2 月下旬树液流动前进行。

2. 石榴园 3 月份怎样管理?

主要工作是追肥、灌水、松土保墒、喷药防治病虫害以及建园、育苗等工作。

(1)清培土　将冬前培在树干基部的培土清掉。

(2)追肥　土壤解冻后至发芽前,结果树和弱树土壤追施尿素和有机长效肥或钙镁磷肥,5~8 年生树株施 0.5 千克左右。

(3)**灌水** 追肥后及土壤干旱时,适时适量灌水。灌水量以渗透 30~50 厘米土层为度。提倡沟灌,尽量避免全园漫灌,以免影响土壤温度回升。

(4)**果园覆草** 利用麦糠、玉米秸秆、干草等覆盖树盘或全园,厚度 20 厘米左右。培肥果园地力,提高持水保温能力。

(5)**育苗** 下旬育苗,育苗前用 90％晶体敌百虫 800 倍液拌炒半熟的麦麸制成的毒饵进行土壤处理。采用薄膜覆盖育苗。

(6)**病虫害防治** 发芽前喷 3~5 波美度石硫合剂,或 5％柴油乳剂和 5％顺式氰戊菊酯乳油 2 000~4 000 倍液等,防治干腐病、茎基枯病、枝枯病、蚜虫、介壳虫等。喷洒 5％辛硫磷乳油 1 000 倍液防治金龟子等。

3. 石榴园 4 月份怎样管理?

主要工作是病虫害防治、防霜冻、花前复剪、嫁接换种、土壤管理和苗圃地管理等项工作。

(1)**防霜冻和倒春寒** 据气象预报,发生霜冻前 1~2 天果园灌水或前 1 天树冠喷水。霜冻发生前在石榴园内及周围按照一定密度均匀堆积秸秆或蒿草,在温度降至近 0℃时点燃,只冒烟不起火熏烟防霜冻。

(2)**花前复剪** 剪除受冻及受病虫危害的枝条,特别是受石榴茎窗蛾和豹纹木蠹蛾为害的幼枝,剪后将枝条携出园外集中烧毁,消灭越冬幼虫。

(3)**花前喷肥** 沙地石榴园容易出现缺硼症,幼叶小而扭曲,叶片变厚,叶主脉变黄。新梢有枯顶现象,呈扫帚状。萌芽不正常,随后变褐枯死,花蕾发生畸形易脱落。可于 4 月下旬叶面喷布 0.3％~0.5％硼砂溶液,促进营养生长及花芽萌芽整齐。

(4)**抹芽、除萌** 及时抹除剪锯口及树体基部的萌芽和萌条,以减少树体养分无谓消耗。

(5)花前环割或环剥 于4月下旬对发育旺盛而不易成花的枝干基部环割、环剥或刻伤,以提高结果能力。最好不要剥通,保留一定的营养、水分通道,防止造伤过重形成弱枝、叶黄、营养不足而落果。也可用枝条扭伤的办法代替刻、剥。刻、剥部位应选择在以后拟缩剪时的下剪处。

(6)高接换种 选用优良品种1年生健壮枝条,在发芽前后采用皮下接或小径劈接方法对劣质大树进行嫁接换种。依据树体大小可以考虑多嫁接几个枝条,以利短时间完成改劣换优。

(7)种植绿肥,培肥园地肥力 留足树盘,在树行间不适宜间种作物情况下种植田菁、檉麻、绿豆等,播种前每667平方米施过磷酸钙50千克。园外种植紫穗槐,以便刈割后园内压青。

(8)病虫害防治 主要防治桃小食心虫、蚜虫、桃蛀螟、茶翅蝽、巾夜蛾、木蠹蛾、干腐病、褐斑病等。①剪虫梢及设黑光灯、糖醋盆、性诱捕器等诱杀害虫成虫。②保护利用天敌七星瓢虫、草蛉、食蚜蝇等消灭蚜虫。③石榴园内种植诱集作物玉米、高粱等,每667平方米种植20~30株,诱集桃蛀螟、桃小食心虫等集中为害而消灭。④中下旬树冠下土壤喷洒5%辛硫磷乳油800倍液,或50%辛硫磷乳油0.5升与50千克细沙土混合后均匀撒入树冠下,锄树盘松土耙平。⑤树冠喷洒20%杀灭菊酯乳油3 000倍液,或10%氯菊酯乳油2 000倍液,或用50%杀螟硫磷乳油1 500倍液防治蚜虫。

4. 石榴园5~6月份怎样管理?

5~6月份是石榴树生长的关键季节,春梢旺盛生长、现蕾、开花、坐果、花芽分化等,蚜虫、桃蛀螟、桃小食心虫等先后为害。管理主要是疏蕾疏花、辅助授粉、套袋、追肥、浇水和病虫害防治。

(1)疏蕾、疏花、疏果 当花蕾膨大能用肉眼分辨出雌雄两性发育正常的筒状花和雌性败育的钟状花时即连续进行疏蕾,时间从 5 月上旬到 6 月 20 日前后,疏除簇生花序中顶生正常花以下所有蕾花,只保留顶端 1 个发育正常的筒状花,既可大量减少工作量,同时收到疏蕾疏花效果。蕾花期,疏蕾疏花同时进行。

疏果主要在 6 月中下旬,幼果基部膨大色泽变青已坐稳时进行,疏除病虫果、畸形果、丛生果的侧位果,一般径粗 2.5 厘米左右的结果母枝留果 3～4 个。

(2)辅助授粉 花期内遇阴雨等不良天气影响授粉受精,通过辅助授粉可有效提高坐果率。

①果园放蜂 每 150～200 株 5～8 年生树放置一箱蜜蜂,约 1.8 万头蜂。蜜蜂对农用杀虫剂非常敏感,石榴园有蜜蜂时,若需要用药,要选择对蜜蜂没有危害的农药。

②人工点授 于晴天上午 8～10 时摘取花粉处于生命活动期(花冠开放的第二天,花粉粒金黄色)的败育花,直接点授在正常花柱头上,每朵可授 8～10 朵花。

③机械喷洒 采集鲜活花粉,按水 10 升∶蔗糖 10 克∶花粉 50 毫克∶硼酸 10 克的比例混好后用喷雾器喷洒,随配随用,效果很好。

(3)应用生长调节剂 于盛花期的 5 月 20 日、5 月 30 日、6 月 10 日、6 月 20 日连续 4 次叶面喷洒 5～10 毫克/升赤霉素或 0.3％硼砂溶液,均可显著提高坐果率。

(4)追肥 对进入盛果期的石榴树以及老树、弱树,适当追施速效肥补充树体养分,每株追施磷酸二铵 0.5～1 千克。并结合喷药喷施 0.1％～0.2％尿素液,或 0.3％磷酸二氢钾液,或 8 000 倍叶面宝液。

(5)套袋 在果实子房膨大、色泽变青坐稳后套袋,套袋前喷 1 次杀菌剂和杀虫剂,选用石家庄果树研究所研制的 1、2、3、4 号石榴袋或其他专用果袋。

(6)病虫害防治　此期的主要防治对象有干腐病、褐斑病、蚜虫、桃蛀螟、石榴茎窗蛾、木蠹蛾、茶翅蝽、袋蛾、刺蛾、巾夜蛾、龟蜡蚧、绒蚧等。①桃小食心虫上年发生严重的园地,5月下旬树盘上再施药处理1次。②每10～15天叶面喷洒1次70%甲基硫菌灵可湿性粉剂,或40%复方多菌灵800～1 000倍液＋1 500倍吡虫啉;杀虫药剂主要可选用90%晶体敌百虫500～1 000倍液,或20%杀灭菊酯2 000倍液。③防治桃蛀螟的关键时期:桃蛀螟5月中旬第一代幼虫出现,6月10日至7月10日蛀入果实为害盛期。除叶面喷药防治外可采用抹药泥、塞药棉法防治,即用90%晶体敌百虫1 000倍液与黄土配制的软泥或药浸的药棉,逐果堵塞开始膨大的幼果萼筒。④剪拾虫梢并烧毁深埋,摘除紧贴果面的叶片,喷杀虫杀菌剂后用专用果袋套袋保护。

5. 石榴园7～8月份怎样管理?

此期为果实生长和夏梢生长期,7月份为花芽分化高峰,高温、多雨,管理的关键措施是疏果套袋、夏季修剪、追果膨大肥、灌水、病虫害防治、劣树嫁接换种。

(1)套袋　7月上中旬继续完成果实套袋工作。

(2)疏果　疏除病虫果、畸形果及丛生果的侧位果,并将疏除的果带出园外深埋,消灭病、虫源。

(3)疏枝　及时疏除基部萌条及树冠内枝干背上直立枝、徒长枝、密生枝,保持冠内风光通透。疏枝时考虑树形并注意培养结果枝组,有目的地合理疏枝。

(4)促花　第一次花芽分化从6月上旬开始至7月上旬进入高峰期。此次花芽分化是构成第二年产量的关键,此时又正值石榴开花、坐果的关键时期,石榴树体养分消耗很大,因此要注意营养补充和树体营养调节,根据树势、枝势,分别采用环割、环剥、半环剥、倒贴皮、扒皮、纵伤、断根、晾根等措施促花。这些措施主要对强旺树、强旺枝在不影响当年开花结果情况下实施。倒贴皮即将强旺枝基部树皮深及木质部取下一方块颠倒位置重新贴上;扒皮即将强旺枝基部树皮纵伤剥离迅即贴上;纵伤即在干、枝基部纵向刻伤,深及木质部;断根、晾根对强旺树局部实施。这些措施的目的均是改变树体养分的供应,促进花芽分化。

(5)追肥,灌水 此期正值果实膨大生长期,加之花芽分化,需要消耗大量的养分,根据树体及园地肥力情况,考虑适当追肥,注意氮、磷配合,适当施钾。每株土壤追施尿素、过磷酸钙各 0.25 千克,或叶面喷施 0.2%～0.3%有机钾肥或多元微肥。特别在 8 月份叶面喷肥,既可补充树体营养,又可起到预防烈日灼伤果实和后期裂果作用。夏季高温干旱,要注意及时灌水,特别在施肥后要及时灌水,以利肥效发挥。

(6)芽接 7 月中旬前后选择 1～2 年生枝条,采用嵌芽接或芽接法进行嫁接,改劣换优。

(7)青草积肥 搜集蒿草、秸秆,集中成堆,中间灌人粪尿,外封泥土,高温堆沤,为果园准备肥料。

(8)防雹防灾 7～8 月份正值雨季,经常出现冰雹、狂风骤雨等灾害性天气,吹落果实,砸坏枝条,要注意防范和灾后补救,遇涝及时排水。雹后及时喷洒杀虫杀菌剂防止病虫害发生,剪去伤残枝条,加强肥水管理,尽快恢复树势。

(9)病虫害防治 此期的主要防治对象为桃蛀螟、桃小食心虫、茶翅蝽、袋蛾、茎窗蛾、黑蝉、巾夜蛾、刺蛾、木蠹蛾、中华金带蛾、绒蚧、果腐病、干腐病、煤污病、褐斑病等。其主要防治方法:①继续萼筒抹药泥、塞药棉、摘叶、套果袋,继续对园内诱集作物上的害虫集中消灭。②摘拾虫果深埋,树干束麻袋片或草绳诱虫化蛹杀之。③果园内放养鸡群,利用啄食消灭桃蛀螟、巾夜蛾、黑蝉等害虫。④剪除木蠹蛾、黑蝉、茎窗蛾为害的虫梢并烧毁。⑤药剂防治:选用 90%晶体敌百虫 1 000 倍液,或马拉硫磷、氰戊菊酯等

杀虫剂,10～15 天施药 1 次;选用 40％代森锰锌可湿性粉剂 500
倍液,或 40％甲基硫菌灵可湿性粉剂 800 倍液,或 1：1：100 倍
式波尔多液喷洒叶面防病。农药使用注意要轮换用药,不要连续
使用一种农药。

(10)早熟果采摘销售　8 月中下旬采收早熟果上市销售。

6. 石榴园 9～10 月份怎样管理?

9 月下旬至 10 月上旬为果实成熟季节,管理重点是防后期裂
果、除袋,促进果实着色,树体管理、病虫害防治,并做好贮藏准备。

(1)疏密,摘心　清除树冠内膛夏季没来得及修剪的徒长枝、
直立枝、密生枝和纤细枝,保持树冠内部风光通透,以利冠内果实
着色和减少病害的发生。对仍未停止生长但以培养树形为目的需
要保留的旺梢进行轻摘心,以减少养分消耗,使枝条生长充实健
壮,保证安全越冬。

(2)除袋,喷增色剂,摘叶转果　在 8 月下旬至 9 月上旬对套
袋果实及时去袋,去袋时间根据品种的成熟期,掌握在成熟采收前
20～25 天进行,最有利于果实着色和含糖量提高。去袋要选择阴
天或晴天下午 4 时后进行。如果是双层袋,要分期去袋,去除外袋
后间隔 3～5 天去内袋。去袋要注意天气,慎防因高温和强烈的阳
光照射造成石榴果皮灼伤,降低果品价值。

套袋影响果实着色,因此除袋之后要及时喷洒果实增色剂,促
进果实着色。

摘叶转果是促进石榴着色的辅助措施,结合除袋,摘掉并疏去
遮挡直射果面阳光的叶片和小枝条。转果是使果实的背阴面见
光,保证整个果实着色均匀。有些果位的果实,果梗短粗,无法转
动,可通过拉、别、吊等方式,调整转动结果母枝的位置,使果实背
面见光着色。

铺反光膜也是增加石榴着色的重要措施。从 9 月上旬起至采

果前,在石榴树下或树行内铺银色反光膜,可以明显地提高树冠内膛和中下部的光照强度,增加果实着色面积和质量。

(3)裂果预防 石榴后期易裂果,降低商品价值。预防裂果的措施:①控制灌水,使园地土壤含水量处于相对稳定状态。采收前 10～15 天,严格控制浇水,特别是干旱的山地、丘陵果园及平原区灌水不规律果园。②10 月上中旬喷洒 25～100 毫克/升的赤霉素。

(4)适时分期采收 早熟品种以及一般品种早期坐的果早采。成熟期久旱遇雨,雨后果实表面水分散失后及时采。

(5)病虫害防治 此期的主要防治对象为桃蛀螟、桃小食心虫、茎窗蛾、刺蛾、中华金带蛾、金毛虫等及干腐病、果腐病、褐斑病等。其主要防治方法:①剪虫梢、摘拾虫果,集中深埋或烧毁,碾轧束干、废麻袋片或草绳中的化蛹幼虫。②用 40%代森锰锌 500倍液,或 40%甲基硫菌灵 800 倍液,或 40%多菌灵胶悬剂 500 倍液加入 50%晶体敌百虫 1 000 倍液叶面喷洒防病。

(6)采收及果实贮藏 9 月下旬果实陆续成熟,在中秋、国庆双节前要采摘销售。因此要做好采收前工具、堆放场所、贮藏场所清理、消毒工作,消毒用 25%多菌灵或 40%甲基硫菌灵可湿性粉剂均匀喷雾。

7. 石榴园 10～11 月份怎样管理?

该期果实采收上市,采后管理重点是准备树体安全越冬、搞好贮藏、冬管施基肥、清园和病虫害防治。

(1)果实贮藏 10 月上中旬,选择晚熟耐贮藏品种进行贮藏,挑选无病虫无伤痕健康果实,用 25%多菌灵或 40%甲基硫菌灵可湿性粉剂或 40%代森锰锌可湿性粉剂 500～600 倍液浸果 1 分钟,捞出晾干后按计划进行适宜方式存放。贮藏过程中要注意保持适宜温、湿度,适宜温度为 3℃～4℃、空气相对湿度 80%～

90%。空气中氧的适宜浓度为 2%，二氧化碳的适宜浓度为 12%。

(2)拉枝开角　果实采收后在未停止生长前,对生长强旺、角度小的枝实行拉枝、坠枝,使角度开张为 60°～70°,以利于形成开放型树冠。

(3)采集插穗　于 11 月下旬至 12 月上旬石榴落叶后采集无病虫、无损伤、健壮的 1、2 年生枝条进行沙藏处理,供翌年作插穗。

(4)施基肥　石榴园的关键肥,黄淮地区宜在 12 月上中旬进行。一般采用沟施法,在行间树冠投影外缘开挖 50～60 厘米宽、深的条状沟,将表土及心土分放,沟挖好后填入优质腐熟有机肥和表土、肥土混匀。每 667 平方米生产 1 000 千克果实,年施 2 000 千克优质农家肥和碳酸氢铵、过磷酸钙各 20 千克,其中基肥量占总施肥量的 80%～90%。注意氮磷钾三要素比例要适当。施肥沟分年轮换,今年株间施,明年行间施。

(5)病虫害防治　此期的主要防治对象为茎窗蛾、巾夜蛾、中华金带蛾、桃蛀螟、桃小食心虫、干腐病、果腐病、蚜虫等。采收后贮运期果腐病发生最重,蚜虫于 10 月份迁回石榴树上准备越冬,巾夜蛾、中华金带蛾于 9 月下旬至 10 月上中旬老熟幼虫仍有为害。喷洒多菌灵、甲基硫菌灵或代森锰锌类杀菌剂防病,喷洒拟除虫菊酯类农药杀虫。

(6)清园　于落叶后及时清除树上树下的僵果、烂果、病虫枝及虫袋、虫茧等,清扫落叶,烧毁或深埋,消灭越冬病虫源。

8. 石榴园 12 月份怎样管理?

该期是周年管理的关键时期,重点是土壤管理、病虫害防治、冬季修剪、施肥灌水、贮藏保鲜。

(1)深翻扩穴,高培土　利用农闲时间,全园翻刨 20 厘米深,或者只对树冠下翻刨。注意不要伤根,翻刨时将树冠基部萌条清除干净,此项措施结合施肥进行,有熟化土壤、消灭越冬病虫源功效。桃小食心虫、巾夜蛾等越冬虫态主要在树冠下土壤中越冬。

树盘翻后晾晒一段时间,大冻前在石榴树根颈部堆成上小下大、50～80厘米高的馒头形土堆,保护树体减轻冻害。

(2)病虫害防治 此期的主要防治对象有桃蛀螟、桃小食心虫、刺蛾、袋蛾、龟蜡蚧、绒蚧、木蠹蛾、茎窗蛾、干腐病、果腐病、褐斑病及冻害。其主要防治方法如下。

①刮树皮、树干涂白 刮除翘裂的老树皮,清除病虫越冬场所,深度以不伤及树干为度。刮掉的树皮带出园外深埋或烧毁。对刮皮后的树干、主枝用涂白剂(水40份＋生石灰10份＋食盐0.5～1份＋石硫合剂原液2份或原渣5份＋黏土或粗面粉2份制成)涂白,杀病虫及防冻,涂量以涂匀不下流为宜。

②树体喷药 喷1～2次2.5%氯氟氰菊酯乳油2000倍液,或5%高效氯氰菊酯乳油1500倍液,或5%柴油乳剂等,具有防病虫、防寒双重功用。

③清园 彻底清除树上、树下僵果、病枝败叶及园地周围杂草,消灭病虫越冬场所,减少病虫源。

(3)适时冬灌 施肥后土壤封冬前冬灌1次,可以起到抗旱、促使肥效发挥、增强树体抗寒能力、杀死土壤中病虫等多重效应,时间掌握在土壤夜冻日消、日平均气温稳定在2℃以下时为宜,黄淮地区一般在11月下旬至12月上中旬。冬灌水不要大水漫灌,以当天灌水当天渗完地表不积水为宜。

(4)冬季修剪 一般在12月上中旬及翌年2月中下旬进行,是培养、调整树体结构选配各级骨干枝、调整安排各类结果母枝、培养合理树形的主要修剪时期,夏季修剪只是辅助性人工修剪。修剪要因树而异,单干形树采用疏散分层形,双干形树采用偏疏散分层形,多干形(3干以上)树采用自然半圆形。不论何种树形,都要求主枝分布均匀,结果枝位置、数量适当,冠内风光通透,冠外结果枝适度。修剪时要主辅相宜、疏密有序,兼顾当前,考虑长远。

(5)**果实贮藏管理**　贮藏前期(入库至11月底)由于果实自身生命活动较旺盛、室外温度较高,以降温为主;贮藏中期(12月份至翌年2月份)果实自身生命活动减弱,室外温度较低,以保温为主;贮藏后期(3月份以后)以控温为主。在果实贮藏期间,温、湿度要适宜,并经常检查,发现烂果及时剔出,防止扩大感染。

附　录

石榴果品质量等级

（DB 41/T 488—2006）

前　言

为了规范河南省石榴果品的质量等级,应用近年来我省石榴研究、生产的最新成果,制定了本标准。

本标准按照 GB/T 1.1—2000《标准化工作导则　标准的结构和编写规则》编写。

本标准由河南省林业厅提出。

本标准由河南省林业标准化技术委员会归口。

本标准主要起草单位:开封市农林科学研究所、周口市林业科学研究所、焦作市林业科学研究所。

本标准参加起草单位:荥阳市林业局、郑州市林场。

本标准主要起草人:冯玉增、侯新民、王凤寅、姚清志、梁玉英、王坤宇、余慧荣。

本标准参加起草人:马春、韦艳丰、崔俊昌、吕英梅、徐玉成。

1　范围

本标准规定了石榴果品的术语和定义、质量等级要求、检验方法、检验规则及包装、标志、运输和贮存方法。

本标准适用于河南省石榴主栽品种(参见附录 A)的果品质量等级。

2　规范性引用文件

下列文件中的条款通过本标准的引用而成为本标准的条款。凡是注日期的引用文件,其随后所有的修改单(不包括勘误的内容)或修订版均不适用于本标准,然而,鼓励根据本标准达成的协议的各方研究是否可使用这些文件的最新版本。凡是不注日期的引用文件,其最新版本适用于本标准。

GB 18406.2—2001 农产品安全质量　无公害水果安全要求

GB 8855 新鲜水果和蔬菜的取样方法

GB/T 5009.8 食品中蔗糖的测定方法

GB/T 12456 食品中总酸的测定方法

GB/T 6195 水果、蔬菜　维生素 C 含量测定方法

GB/T 12295 水果、蔬菜制品　可溶性固形物含量的测定方法

3　术语和定义

下列术语和定义适用于本标准。

3.1　石榴果品 pomegranate fruit

指可鲜食的石榴果实。

3.2　出籽率 the percentage of seed in all fruit

籽粒占果重的百分率。

3.3　可溶性固形物 soluble solids

果实籽粒汁液中所含能溶于水的糖类、有机酸、维生素、可溶性蛋白、色素和矿物质。

4　要求

4.1　感官指标

石榴果品要求成熟适度、果形丰满、果面光洁,果面具有该品种的正常色泽,无裂果,无畸形,无残伤,无明显病虫害,无腐烂。籽粒具有该品种的正常色泽和固有风味,无异味。

4.2　理化指标

理化指标应符合表 1 规定。

表 1　理化指标

项　目	指　标
百粒重（克）	≥34.0
出籽率（%）	≥55.0
总糖（可食部分，以蔗糖计）（%）	≥10.0
总酸（可食部分）（%）	≤0.6
维生素 C（可食部分）（毫克/100 克）	≥7.0
可溶性固形物（%）	≥14.0

4.3　安全指标

安全指标应符合 GB 18406.2—2001 的规定。

4.4　质量等级指标

分为特级、一级、二级、三级。质量分级指标见表 2。

表 2　石榴质量分级指标

等级	果重（克）	果形	果　面	口感	萼片	残伤
特级	本品种平均果重的 130% 以上	丰满	光洁，90% 以上果面呈现本品种成熟色泽	好	完整	无
一	本品种平均果重的 110% 以上	丰满	光洁，70% 以上果面呈现本品种成熟色泽	好	完整	无
二	本品种平均果重的 90%～110%	丰满	光洁，有点状果锈；50% 以上果面呈现本品种成熟色泽	良好	不完整	无
三	本品种平均果重的 70% 以上	丰满	有块状果锈，30% 以上果面呈现本品种成熟色泽	一般	不完整	无

5　检验方法

5.1　抽样

按 GB/T 8855 规定执行。

同一产地、同一品种、同一栽培管理方式,同期成熟采收的石榴为一个检验批次。市场抽样以同一产地、同一品种的石榴作为一个检验批次。

以一个检验批次为一个抽样批次。抽取的样品必须具有代表性,应在全批货物的不同部位随机抽样,样品的检验结果适用于整个检验批次。

5.2　感官指标

石榴的成熟度、果形、果面光洁度、色泽、残伤、病虫害、腐烂等感官要求,在自然光下,用目测法鉴别。口感用口尝办法鉴定,异味用鼻嗅的方法鉴别。

每批受检样品抽样检验时,对有缺陷的样品做记录,不合格率以 ω 计,数值以％表示,按公式(1)计算:

$$\omega = n/N \times 100 \quad\cdots\cdots\cdots\cdots\cdots\cdots\cdots\cdots\quad (1)$$

式中:

ω——不合格率,单位为百分率(％);

n——有缺陷的个数,单位为个;

N——检验样本的总个数,单位为个。

计算结果精确到小数点后一位。

5.3　理化指标

5.3.1　百粒重的测定

随机称取样石榴 5 个～7 个,逐个剖开,将籽粒取出称重,计算 100 粒的重量。

5.3.2　出籽率的测定

随机称取样石榴 5 个～7 个,逐个剖开,将籽粒取出称重,计算粒重占果重的百分率。

5.3.3　总糖的测定

按 GB/T 5009.8 中的方法进行。

5.3.4 总酸的测定

按 GB/T 12456 中的方法进行。

5.3.5 维生素 C 的测定

按 GB/T 6195 中的方法进行。

5.3.6 可溶性固形物的测定

按 GB/T 12295 中的方法进行。

5.4 安全指标的测定

按 GB 18406.2—2001 规定执行。

5.5 等级确定

对样石榴进行单果称重,用目测法观察样石榴的形状、着色程度和有无病虫果、畸形、残伤、萼片是否完整、果面是否光洁,品尝口感,并对样石榴查点数量,归等分级。

6 检验规则

6.1 检验分类

6.1.1 型式检验

型式检验是对产品进行全面考核,即对标准规定的全部要求进行检验。有下列情形之一时需进行型式检验:

a)前后两次抽样检验结果差异较大;

b)生产环境发生较大变化;

c)国家质量监督机构或主管部门提出型式检验要求。

6.1.2 交收检验

每批产品交收前,生产单位都应进行交收检验。交收检验内容包括:包装、标志、感官要求。检验合格并附合格证,产品方可交收。

6.2 判定规则

6.2.1 感官指标

在整批样品总不合格率不超过 5% 的前提下,其中任意单个包装件不合格率不得超过 10%,否则即判定样品不合格。

6.2.2　理化指标

有一个项目不合格时,允许加倍抽样复检,如仍有不合格,即判定该样品不合格,允许降低等级。

6.2.3　安全指标

有一个项目不合格,即判定该样品不合格。

6.2.4　等级确定

按本标准 4.4 要求,对样品逐果检验。单个包装件不合格率不得超过 10%,否则即判定该样品不合格,允许降低等级。

7　包装、标志、贮存和运输

7.1　包装

包装容器选用坚固耐用的筐篓或纸箱,要求容器内外均无刺伤果实的尖突物,并有合适的通气孔。内包装材料应新鲜洁净,无异味,且不会对果实造成伤害。包装内不得混有杂物。所有包装材料均须清洁卫生无污染。同一包装内果实质量等级指标应一致。

7.2　标志

果品石榴的销售和运输包装均应标明产品名称、数量、等级、产地(标注到县)、生产单位及详细地址、包装日期、执行标准代号。

标志上的字迹应清晰、完整、准确。

7.3　贮存

贮存要求:采用气调冷藏保鲜库贮存,或采用室内堆藏、井窖贮藏、袋装沟藏、土窖洞贮藏。

仓库要求:库房无异味;不得与有害、有毒物品混合存放;不得使用有损石榴果品质量的保鲜试剂和材料。

7.4　运输

待运时应批次分明、堆码整齐、环境清洁、通风良好,严禁暴晒雨淋,注意防热防冻,缩短待运时间。贮存和装卸时轻搬轻放。运输工具必须清洁卫生、无异味,不得与有毒物质混装混运。

附录 A

（资料性附录）
河南省石榴主栽品种主要特征特性

项　目	品　种					
	豫石榴 1 号	豫石榴 2 号	豫石榴 3 号	豫石榴 4 号	豫大籽	突尼斯软籽
平均果重（克）	270	348	280	360	250	406
果　面	光洁,红	光洁,白	光洁,紫红	光洁,浓红	光洁,黄红	光洁,黄红
果　形	圆	圆	近圆	近圆	近圆	圆
口　感	酸甜	甜	酸甜	酸甜	酸甜	甜
百粒重（克）	≥34.4	≥34.6	≥34.1	≥36.4	≥75.0	≥56.0
出籽率（%）	56.3	55.2	56.0	56.4	67.2	61.9
总糖（%）	10.4	10.9	10.9	12.1	12.5	11.2
总酸（%）	0.31	0.16	0.36	0.56	0.56	0.29
维生素 C（毫克/100 克）	10.2	9.8	10.5	10.3	7.2	11.1
可溶性固形物（%）	14.5	14.4	14.2	14.1	15.5	15.1

注：口感项中,酸甜即以甜为主,微有酸味